2020年全国监理工程师资格考试历年
真题详解＋权威预测试卷

建设工程监理案例分析（第三版）

全国监理工程师资格考试研究中心　编写

U0265267

中国建筑工业出版社

图书在版编目(CIP)数据

建设工程监理案例分析/全国监理工程师资格考试研究中
心编写. —3 版. —北京：中国建筑工业出版社，2019.12
2020 年全国监理工程师资格考试历年真题详解＋权威预
测试卷
ISBN 978-7-112-24698-4

Ⅰ．①建…　Ⅱ．①全…　Ⅲ．①建筑工程-监理工作-案
例-资格考试-习题集　Ⅳ．①TU712-44

中国版本图书馆 CIP 数据核字(2020)第 011848 号

本丛书为考生提供了 2016～2019 年度的考试真题，对历年考试真题做了详细
的分析，总结出历年考试的出题规律，让考生全面了解出题意图；同时，根据历
年考试的出题规律有针对性地编写出了 6 套权威预测试卷，并对每一题进行详细
的讲解，可以使考生在解答习题时有一个完整清晰的解题思路，以帮助广大考生
通过适量练习提高应试能力，顺利通过考试。

*　　　*　　　*

责任编辑：牛　松　冯江晓　张国友
责任校对：党　蕾

2020 年全国监理工程师资格考试历年真题详解＋权威预测试卷
建设工程监理案例分析（第三版）
全国监理工程师资格考试研究中心　编写

*

中国建筑工业出版社出版、发行(北京海淀三里河路 9 号)
各地新华书店、建筑书店经销
北京红光制版公司制版
北京京华铭诚工贸有限公司印刷

*

开本：787×1092 毫米　1/16　印张：8½　字数：204 千字
2020 年 2 月第三版　　2020 年 2 月第三次印刷
定价：**28.00** 元（含增值服务）
ISBN 978-7-112-24698-4
(35061)

前　　言

　　监理工程师资格考试考的是什么？答案只有一个，那就是"理论联系实际"。然而很多考生都没有注意到这一点，只是一味地痴迷于各种"盲点""误区"，舍本逐末！只是一味地追求所谓的"名师讲解"，画饼充饥！只是一味地毫无选择地沉浸于"题海战术"，恰似盲人摸象一般，病急乱投医！在认真总结众多考生的失败经验后，我们认为，监理工程师资格考试的重中之重就在于"理论联系实际"，并且从近几年的考试动向和考纲变化来看，我们的观点也得到了事实验证。

　　所谓"理论联系实际"简言之就是举一反三的能力，要掌握这种能力，前提条件和唯一捷径就是必须充分地把握教材和灵活地运用教材。除此之外，别无他途！具体而言，要做到"理论联系实际"，首先最基础的一点就是，考生必须抓准知识点，弄懂弄通教材，真正打一场"有准备之仗"；其次也是最重要的一点则是，考生必须精心选择题目进行实战演练，在实战演练的过程中加深对教材的理解，做到"知己知彼，百战不殆"，从而决胜考场。

　　为了更好地帮助考生培养这种"理论联系实际"的能力，同时节省考生本就紧迫的时间，使考生能够集中精力复习，为考试通关打下坚实基础，我们组织相关专家编写了《全国监理工程师资格考试历年真题详解＋权威预测试卷》系列丛书，共分四册，分别是：

《建设工程监理基本理论与相关法规》

《建设工程合同管理》

《建设工程质量、投资、进度控制》

《建设工程监理案例分析》

　　每科目均包括最近四年真题和六套权威预测试卷。其中，四年真题全部给出了详细深入的解析，方便考生从实际运用的角度加深对教材的把握和理解，同时也可以帮助考生快速适应考试难度，精准把握考试方向，深入领会命题思路和规律。权威预测试卷则紧跟近年的命题趋势，涵盖了各科目的考试重点和难点，能帮助考生夯实对重要知识点的掌握，从而快速把握教材和灵活运用教材，同时，提高实战能力，最终帮助考生在最短的时间内取得最好的成绩。

　　为了配合考生备考复习，我们配备了专家答疑团队，**开通了答疑 QQ 群：825871781（进群密码：助考服务）**，以便及时解答考生所提的问题。**扫描封面二维码即可获赠考点必刷题、重难点知识归纳、考前冲刺试卷等增值服务。**

　　为了使本系列丛书尽早面世，参与本系列丛书的策划、编写和出版的各方人员都付出了辛勤的劳动与汗水，在此对他们致以诚挚的谢意。

　　由于编写时间仓促，书中难免出现纰漏，恳请广大考生与相关专业的人员、专家提出宝贵的意见与建议，我们对您表示衷心的感谢。

目 录

第一部分 真题详解

第二部分 权威预测试卷

2016—2019 年度真题分值统计

考点		2019 年	2018 年	2017 年	2016 年
建设工程监理概论	建设工程监理招标与投标				
	建设工程监理合同管理				
	建设工程监理组织		6	6.5	9
	监理规划与监理实施细则	16	3	6	
	建设工程目标控制的内容和主要方式	14	6	9	5
	建设工程安全生产管理的监理工作			10	6
	建设工程文件档案资料管理	4	5		7
建设工程合同管理	建设工程施工招标	12			
	建设工程施工合同订立				
	建设工程施工合同履行管理	8		10.5	
	工程变更和索赔管理	8	6	10	12
	建设工程材料设备采购合同履行管理		4		
建设工程质量控制	工程参建各方的质量责任	4	4	7.5	10
	施工阶段质量控制	4	22	17	17
	工程质量缺陷及事故		2	3.5	
	工程施工质量验收		2		6
	建设工程质量试验检测方法				4
	排列图、因果分析图、直方图和控制图在工程质量控制中的应用		4		
建设工程投资控制	建筑安装工程费用项目的组成及计算			4	6
	合同价款调整	17	12	5	12
	合同价款支付、竣工结算	3	8	9	
	投资偏差分析				4
建设工程进度控制	流水施工进度计划				
	关键线路、关键工作和工期的确定	2	2	2	2
	网络计划中时差的分析和利用	10	2	4	4
	网络计划工期优化及计划调整			6	
	实际进度与计划进度的比较方法		4		
	工程延期时间的确定		10		
建设工程监理相关法律、行政法规及规范	《建筑法》		3		
	《合同法》				
	《招标投标法》		3	10	6
	《建设工程质量管理条例》	10			6
	《建设工程安全生产管理条例》				
	《生产安全事故报告和调查处理条例》				
	《招标投标法实施条例》		4		
	《建设工程监理规范》	8	8		
	《建设工程施工合同（示范文本）》				4
合计		120	120	120	120

2019 年度全国监理工程师资格考试试卷

本试卷均为案例分析题（共 6 题，每题 20 分），要求分析合理、结论正确；有计算要求的，应简要写出计算过程。

试 题 一

某工程，实施过程中发生如下事件：

事件 1：总监理工程师组织编写监理规划时，明确监理工作的部分内容如下：①审核分包单位资格；②核查施工机械和设备的安全许可验收手续；③检查试验室资质；④审核费用索赔；⑤审查施工总进度计划；⑥工程计量和付款签证；⑦审查施工单位提交的工程款支付报审表；⑧参与工程竣工验收。

事件 2：在第一次工地会议上，总监理工程师明确签发《工程暂停令》的情形包括：①隐蔽工程验收不合格的；②施工单位拒绝项目监理机构管理的；③施工存在重大质量、安全事故隐患的；④发生质量、安全事故的；⑤调整工程施工进度计划的。

事件 3：某专业工程施工前，总监理工程师指派监理员依据监理规划、工程设计文件和施工组织设计组织编制监理实施细则，并报送建设单位审批。

事件 4：工程竣工验收阶段，建设单位要求项目监理机构将整理完成的归档监理文件资料直接移交城建档案管理机构存档。

问题：

1. 针对事件 1，将所列的监理工作内容按质量控制、造价控制、进度控制和安全生产管理工作分别进行归类。

2. 指出事件 2 中总监理工程师的不妥之处，依据《建设工程监理规范》，还有哪些情形应签发《工程暂停令》？

3. 针对事件 3，总监理工程师的做法有什么不妥？写出正确做法，监理实施细则的编制依据还有哪些？

4. 针对事件 4，建设单位的做法有什么不妥？写出监理文件资料的归档移交程序。

试 题 二

某工程，施工单位通过招标将桩基及土方开挖工程发包给某专业分包单位，并与预拌混凝土供应商签订了采购合同。实施过程中发生如下事件：

事件 1：桩基验收时，项目监理机构发现部分桩的混凝土强度未达到设计要求，经查是由于预拌混凝土质量存在问题所致。在确定桩基处理方案后，专业分包单位提出因预拌混凝土由施工单位采购，要求施工单位承担相应桩基处理费用。施工单位提出因建设单位也参与了预拌混凝土供应商考察，要求建设单位共同承担相应桩基处理费用。

事件2：专业分包单位编制了深基坑土方开挖专项施工方案，经专业分包单位技术负责人签字后，报送项目监理机构审查的同时开始了挖土作业，并安排施工现场技术负责人兼任专职安全管理人员负责现场监督。专业监理工程师发现上述情况后及时报告总监理工程师，并建议签发《工程暂停令》。

事件3：在土方开挖过程中遇到地下障碍物，专业分包单位对深基坑土方开挖专项施工方案做了重大调整后继续施工。总监理工程师发现后，立即向专业分包单位签发了《工程暂停令》。因专业分包单位拒不停止施工，总监理工程师报告了建设单位，建设单位以工期紧为由要求总监理工程师撤回《工程暂停令》。为此，总监理工程师向有关主管部门报告了相关情况。

问题：

1. 针对事件1，分别指出专业分包单位和施工单位提出的要求是否妥当，并说明理由。

2. 针对事件2，专业分包单位的做法有什么不妥？写出正确做法。

3. 针对事件2，专业监理工程师的做法是否正确？说明专业监理工程师建议签发《工程暂停令》的理由。

4. 针对事件3，分别指出专业分包单位、总监理工程师、建设单位的做法有什么不妥，并写出正确做法。

试 题 三

某工程，实施过程中发生如下事件：

事件1：分包工程开工前，项目监理机构的专业监理工程师对分包单位的营业执照、企业资质等级证书进行了资格审查，并提出了审查意见。

事件2：在主体结构施工过程中，项目监理机构发布重新检验的指令，指令执行完毕，施工单位向建设单位提交索赔报告并提出费用索赔的申请，建设单位以施工单位执行的项目监理机构的指令为由拒绝施工单位的费用索赔。

事件3：专业监理工程师对已覆盖的某隐蔽工程部位的质量产生了疑问，要求施工单位对其部位进行揭开重新检验，施工单位拒绝执行，理由是在隐蔽之前已经通知项目监理机构进行检验，不参加检验是项目监理机构的责任。

事件4：在工程验收后，施工单位向建设单位提交了工程质量保修书，工程质量保修书中所列的内容如下：

（1）基础设施工程、房屋建筑的地基基础工程和主体结构工程，为设计文件规定的该工程合理使用年限。

（2）屋面防水工程、有防水要求的卫生间、房间和外墙面的防渗漏的保修期为3年。

（3）供热与供冷系统的保修期为3个采暖期、供冷期。

（4）电气管道、给水排水管道、设备安装和装修工程的保修期为2年。

问题：

1. 针对事件1，项目监理机构对分包单位资格审查还应包括哪些内容？

2. 针对事件2，施工单位和建设单位的做法有什么不妥？写出正确做法。

3. 针对事件3，专业监理工程师和施工单位的做法是否妥当？说明理由。

4. 针对事件 4，指出施工单位向建设单位提交工程质量保修书有什么不妥？写出正确做法。工程质量保修书中所列内容是否妥当？并说明理由。

试 题 四

某工程，建设单位采用公开招标方式选择工程监理单位，实施过程中发生如下事件：

事件 1：建设单位提议：评标委员会由 5 人组成，包括建设单位代表 1 人、招标监管机构工作人员 1 人和评标专家库随机抽取的技术、经济专家 3 人。

事件 2：评标时，评标委员会评审发现：A 投标人为联合体投标，没有提交联合体共同投标协议；B 投标人将造价控制监理工作转让给具有工程造价咨询资质的专业单位；C 投标人拟派的总监理工程师代表不具备注册监理工程师执业资格；D 投标人的投标报价高于招标文件设定的最高投标限价。评标委员会决定否决上述各投标人的投标。

事件 3：监理合同订立过程中，建设单位提出应由监理单位负责下列四项工作：①主持设计交底会议；②签发《工程开工令》；③签发《工程款支付证书》；④组织工程竣工验收。

事件 4：监理员巡视时发现，部分设备安装存在质量问题，即签发了《监理通知单》，要求施工单位整改。整改完毕后，施工单位回复了《整改工程报验表》，要求项目监理机构对整改结果进行复查。

问题：

1. 针对事件 1，建设单位的提议有什么不妥？说明理由。

2. 针对事件 2，分别指出评标委员会决定否决 A、B、C、D 投标人的投标是否正确，并说明理由。

3. 针对事件 3，依据《建设工程监理合同（示范文本）》，建设单位提出的四项工作分别由谁负责？

4. 针对事件 4，分别指出监理员和施工单位的做法有什么不妥，并写出正确做法。

试 题 五

某工程，建设单位与施工单位按照《建设工程施工合同（示范文本）》签订了施工合同，总监理工程师批准的施工总进度计划如下图所示，各项工作均按最早开始时间安排且匀速施工。

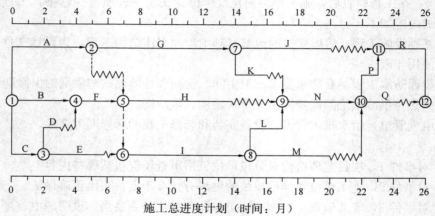

施工总进度计划（时间：月）

事件 1：工作 D 为基础开挖工程，施工中发现地下文物。为实施保护措施，施工单位暂停施工 1 个月，并发生费用 10 万元。为此，施工单位提出了工期索赔和费用索赔。

事件 2：工程施工至第 4 个月，由于建设单位要求的设计变更，导致工作 K 的工作时间增加 1 个月，工作 I 的工作时间缩短为 2 个月，费用增加 20 万元。施工单位据此调整了施工总进度计划，并报项目监理机构审核，总监理工程师批准了调整的施工总进度计划。此后，施工单位提出了工程延期 1 个月、费用补偿 20 万元的索赔。

事件 3：工程施工至第 18 个月末，项目监理机构根据上述调整后批准的施工总进度计划检查，各工作的实际进度为：工作 J 拖后 2 个月，工作 N 正常，工作 M 拖后 3 个月。

问题：

1. 指出图中所示施工总进度计划的关键线路及工作 A、H 的总时差和自由时差。

2. 针对事件 1，项目监理机构应批准的工期索赔和费用索赔各为多少？说明理由。

3. 针对事件 2，项目监理机构应批准的工期索赔和费用索赔各为多少？说明理由。调整后的施工总进度计划中，工作 A 的总时差和自由时差是多少？

4. 针对事件 3，第 18 个月末，工作 J、N、M 实际进度对总工期有什么影响？说明理由。

试 题 六

某工程，建设单位和施工单位按《建设工程施工合同（示范文本）》签订了施工合同，合同约定：签约合同价为 3245 万元，预付款为签约合同价的 10%，当施工单位实际完成金额累计达到合同总价的 30% 时开始分 6 个月等额扣回预付款。管理费率取 12%（以人工费、材料费、施工机具使用费之和为基数），利润率取 7%（以人工费、材料费、施工机具使用费及管理费之和为基数），措施项目费按分部分项工程费的 5% 计（赶工不计取措施费），规费综合费率取 8%（以分部分项工程费、措施项目费及其他项目费之和为基数），税率取 9%（以分部分项工程费、措施项目费、其他项目费及规费之和为基数）；人工费为 80 元/工日，机械台班费为 2000 元/台班。实施过程中发生如下事件：

事件 1：由于不可抗力造成下列损失：

（1）修复在建分部分项工程费 18 万元；

（2）进场的工程材料损失 12 万元；

（3）施工机具闲置 25 台班；

（4）工程清理花费人工 100 工日（按计日工计，单价 150 元/工日）；

（5）施工机具损坏损失 55 万元；

（6）现场受伤工人的医药费 0.75 万元。

事件 2：为了防止工期延误，建设单位提出加快施工进度的要求，施工单位上报了赶工计划与相应的费用。经协商，赶工费不计取利润。项目监理机构审查确认赶工增加人工费、材料费和施工机具使用费合计为 15 万元。

事件 3：用于某分项工程的某种材料暂估价 4350 元/t，经施工单位招标及项目监理机构确认，该材料实际采购价格为 5220 元/t（材料用量不变）。施工单位向项目监理机构提交了招标过程中发生的 3 万元招标采购费用的索赔，同时还提交了综合单价调整申请，其中使用该材料的分项工程综合单价调整见下表，在此单价内该种材料用量为 80kg。

综合单价调整表（节选）

已标价清单综合单价（元）					调整后综合单价（元）				
综合单价	其中				综合单价	其中			
	人工费	材料费	机械费	管理费和利润		人工费	材料费	机械费	管理费和利润
599.20	30	400	70	99.20	719.04	36	480	84	119.04

问题：

1. 该工程的工程预付款、预付款起扣时施工单位应实际完成的累计金额和每月应扣预付款各为多少万元？

2. 针对事件1，依据《建设工程施工合同（示范文本）》，逐条指出各项损失的承担方，建设单位应承担的金额为多少万元？

3. 针对事件2，协商确定赶工费不计取利润是否妥当？项目监理机构应批准的赶工费为多少万元？

4. 针对事件3，施工单位对招标采购费用的索赔是否妥当？项目监理机构批准的调整综合单价是多少元？分别说明理由。

（计算部分应写出计算过程，保留2位小数）

2019年度全国监理工程师资格考试试卷参考答案及解析

试题一

1.【解题思路】

本题主要考核的是监理工作内容。

（1）工程质量控制主要任务：

① 审查施工单位现场的质量保证体系，包括：质量管理组织机构、管理制度及专职管理人员和特种作业人员的资格；

② 审查施工组织设计、（专项）施工方案；

③ 审查工程使用的新材料、新工艺、新技术、新设备的质量认证材料和相关验收标准的适用性；

④ 检查、复核施工控制测量成果及保护措施；

⑤ 审核分包单位资格，检查施工单位为本工程提供服务的试验室；

⑥ 审查施工单位用于工程的材料、构配件、设备的质量证明文件，并按要求对用于工程的材料进行见证取样、平行检验，对施工质量进行平行检验；

⑦ 审查影响工程质量的计量设备的检查和检定报告；

⑧ 采用旁站、巡视检查、平行检验等方式对施工过程进行检查监督；

⑨ 对隐蔽工程、检验批、分项工程和分部工程进行验收；

⑩ 对质量缺陷、质量问题、质量事故及时进行处置和检查验收；

⑪ 对单位工程进行竣工验收，并组织工程竣工预验收；

⑫ 参加工程竣工验收，签署建设工程监理意见。

（2）工程造价控制工作内容：

① 熟悉施工合同及约定的计价规则，复核、审查施工图预算；

② 定期进行工程计量，复核工程进度款申请，签署进度款付款签证；

③ 建立月完成工程量统计表，对实际完成量与计划完成量进行比较分析，发现偏差的，应提出调整建议，并报告建设单位；

④ 按程序进行竣工结算款审核，签署竣工结算款支付证书。

（3）工程进度控制工作内容：

① 审查施工总进度计划和阶段性施工进度计划；

② 检查、督促施工进度计划的实施；

③ 进行进度目标实现的风险分析，制订进度控制的方法和措施；

④ 预测实际进度对工程总工期的影响，分析工期延误原因，制订对策和措施，并报告工程实际进展情况。

（4）安全生产管理的监理工作内容：

① 编制建设工程监理实施细则，落实相关监理人员；

② 审查施工单位现场安全生产规章制度的建立和实施情况；

③ 审查施工单位安全生产许可证及施工单位项目经理、专职安全生产管理人员和特种作业人员的资格，核查施工机械和设施的安全许可验收手续；

④ 审查施工承包人提交的施工组织设计，重点审查其中的质量安全技术措施、专项施工方案与工程建设强制性标准的符合性；

⑤ 审查包括施工起重机械和整体提升脚手架、模板等自升式架设设施等在内的施工机械和设施的安全许可验收手续情况；

⑥ 巡视检查危险性较大的分部分项工程专项施工方案实施情况；

⑦ 对施工单位拒不整改或不停止施工时，应及时向有关主管部门报送监理报告。

【参考答案】

（1）质量控制工作：审核分包单位资格、检查试验室资质、参与工程竣工验收。

（2）造价控制工作：审核费用索赔、工程计量和付款签证、审查施工单位提交的工程款支付报审表。

（3）进度控制工作：审查施工总进度计划。

（4）安全生产管理工作：核查施工机械和设备的安全许可验收手续。

2.【解题思路】

本题主要考核的是补充签发《工程暂停令》的情况。

项目监理机构发现下列情况之一时，总监理工程师应及时签发《工程暂停令》：

（1）建设单位要求暂停施工且工程需要暂停施工的；

（2）施工单位未经批准擅自施工或拒绝项目监理机构管理的；

（3）施工单位未按审查通过的工程设计文件施工的；

（4）施工单位违反工程建设强制性标准的；

（5）施工存在重大质量、安全事故隐患或发生质量、安全事故的。

【参考答案】

事件2中总监理工程师的不妥之处：隐蔽工程验收不合格与调整工程施工进度计划时不应该签发《工程暂停令》。

依据《建设工程监理规范》，还有以下情形应签发《工程暂停令》：

（1）建设单位要求暂停施工且工程需要暂停施工的；

（2）施工单位未经批准擅自施工的；

（3）施工单位未按审查通过的工程设计文件施工的；

（4）施工单位违反工程建设强制性标准的。

3.【解题思路】

本题主要考核的是监理实施细则的编制。

《建设工程监理规范》GB/T 50319—2013规定，采用新材料、新工艺、新技术、新设备的工程，以及专业性较强、危险性较大的分部分项工程，应编制监理实施细则。对于工程规模较小、技术较为简单且有成熟监理经验和施工技术措施落实的情况下，可以不必编制监理实施细则。

监理实施细则应符合监理规划的要求，并应结合工程专业特点，做到详细具体、具有可操作性。监理实施细则可随工程进展编制，但应在相应工程开始由专业监理工程师编制完成，并经总监理工程师审批后实施。可根据建设工程实际情况及项目监理机构工作需要增加其他内容。当工程发生变化导致监理实施细则所确定的工作流程、方法和措施需要调整时，专业监理工程师应对监理实施细则进行补充、修改。

监理实施细则编写的依据：

（1）已批准的建设工程监理规划；

（2）与专业工程相关的标准、设计文件和技术资料；

（3）施工组织设计、（专项）施工方案。

【参考答案】

（1）针对事件3，总监理工程师做法的不妥与正确做法：

① 不妥之处：监理员组织编制监理实施细则。

正确做法：由专业监理工程师组织编制监理实施细则。

② 不妥之处：监理实施细则报送建设单位审批。

正确做法：监理实施细则经总监理工程师审核后实施。

（2）监理实施细则的编制依据还有：与专业工程相关的标准和技术资料、（专项）施工方案。

4.【解题思路】

本题主要考核的是监理文件资料的归档移交程序。

具体移交程序见以下答案。

【参考答案】

针对事件4，建设单位的做法的不妥：要求项目监理机构将整理完成的归档监理文件资料直接移交城建档案管理机构存档。

监理文件资料的归档移交程序：

（1）列入城建档案管理部门接收范围的工程，建设单位在工程竣工验收后3个月内向城建档案管理部门移交一套符合规定的工程档案（监理文件资料）。

（2）停建、缓建工程的监理文件资料暂由建设单位保管。

（3）对改建、扩建和维修工程，建设单位应组织工程监理单位据实修改、补充和完善监理文件资料，对改变的部位，应当重新编写，并在工程竣工验收后 3 个月内向城建档案管理部门移交。

（4）建设单位向城建档案管理部门移交工程档案（监理文件资料），应办理移交手续，填写移交目录，双方签字、盖章后交接。

（5）工程监理单位应在工程竣工验收前将监理文件资料按合同约定的时间、套数移交给建设单位，办理移交手续。

<h2 align="center">试题二</h2>

1.【解题思路】

本题主要考核的是工程施工单位的质量责任和义务。

施工单位对建设工程的施工质量负责。建设工程勘察、设计、施工、设备采购的一项或者多项实行总承包的，总承包单位应当对其承包的建设工程或者采购的设备的质量负责。

总承包单位依法将建设工程分包给其他单位的，分包单位应当按照分包合同的约定对其分包工程的质量向总承包单位负责，总承包单位与分包单位对分包工程的质量承担连带责任。

根据《建设工程施工合同（示范文本）》规定，发包人提供的材料、工程设备的规格、数量或质量不符合合同约定，或因发包人原因导致交货日期延误或交货地点变更等情况的，属于发包人违约。

【参考答案】

事件 1 中专业分包单位和施工单位提出的要求是否妥当及理由：

（1）专业分包单位提出的要求妥当。

理由：预拌混凝土是由施工单位采购的，因此施工单位应对其质量负责。

（2）施工单位提出的要求不妥当。

理由：施工单位不能因建设单位共同参与预拌混凝土供应商考察为由，减轻自己应承担的责任，故建设单位不承担该材料不合格的责任。

2.【解题思路】

本题主要考核的是专项施工方案的编制和审查要求。

实行施工总承包的，专项施工方案应当由总承包施工单位组织编制，其中，起重机械安装拆卸工程、深基坑工程、附着式升降脚手架等专业工程实行分包的，其专项施工方案可由专业分包单位组织编制。

对下列达到一定规模的危险性较大的分部分项工程编制专项施工方案，并附具安全验算结果，经施工单位技术负责人、总监理工程师签字后实施，由专职安全生产管理人员进行现场监督：①基坑支护与降水工程；②土方开挖工程；③模板工程；④起重吊装工程；⑤脚手架工程；⑥拆除、爆破工程；⑦国务院建设行政主管部门或者其他有关部门规定的其他危险性较大的工程。上述工程中涉及深基坑、地下暗挖工程、高大模板工程的专项施工方案，施工单位还应当组织专家进行论证、审查。

【参考答案】

事件 2 中专业分包单位做法的不妥之处及正确做法：

（1）不妥之处：深基坑土方开挖专项施工方案经专业分包单位技术负责人签字后，报送项目监理机构审查。

正确做法：专项施工方案应当由总承包施工单位技术负责人及相关专业分包单位技术负责人签字。

（2）不妥之处：报送项目监理机构审查的同时开始了挖土作业。

正确做法：达到一定规模的危险性较大的分部分项工程编制专项施工方案，附具安全验算结果，经施工单位技术负责人、总监理工程师签字后实施。

（3）不妥之处：安排施工现场技术负责人兼任专职安全管理人员负责现场监督。

正确做法：施工单位应当严格按照专项方案组织施工，安排专职安全管理人员实施管理进行现场监督。

3.【解题思路】

本题主要考核的是签发《工程暂停令》的情形。

项目监理机构发现下列情况之一时，总监理工程师应及时签发《工程暂停令》：

（1）建设单位要求暂停施工且工程需要暂停施工的；

（2）施工单位未经批准擅自施工或拒绝项目监理机构管理的；

（3）施工单位未按审查通过的工程设计文件施工的；

（4）施工单位违反工程建设强制性标准的；

（5）施工存在重大质量、安全事故隐患或发生质量、安全事故的。

【参考答案】

事件2中专业监理工程师的做法正确。

理由：深基坑土方开挖专项施工方案未经批准施工单位就擅自施工，使得施工现场存在安全隐患，因此专业监理工程师建议签发《工程暂停令》。

4.【解题思路】

本题主要考核的是专项施工方案实施的监理要求。

（1）施工单位应当严格按照施工专项方案组织施工，安排专职安全管理人员实施管理，不得擅自修改、调整专项施工方案。如因设计、结构、外部环境等因素发生变化确需修改的，应及时报告项目监理机构，修改后的专项施工方案应当按相关规定重新审核。

（2）总监理工程师在签发《工程暂停令》时，可根据停工原因的影响范围和影响程度，确定停工范围。总监理工程师签发《工程暂停令》，应事先征得建设单位同意，在紧急情况下未能事先报告时，应在事后及时向建设单位作出书面报告。

【参考答案】

事件3中的专业分包单位、总监理工程师、建设单位做法的不妥之处及正确做法：

（1）专业分包单位的不妥之处：在土方开挖过程中遇到地下障碍物，专业分包单位对深基坑土方开挖专项施工方案做了重大调整后继续施工。

正确做法：因设计、结构、外部环境等因素发生变化确需修改的，应及时报告项目监理机构，修改后的专项施工方案应当按相关规定重新审核。

（2）监理单位的不妥之处：总监理工程师发现后，立即向专业分包单位签发了《工程暂停令》。

正确做法：总监理工程师签发《工程暂停令》，应事先征得建设单位同意，在紧急情况下未能事先报告时，应在事后及时向建设单位作出书面报告。

（3）建设单位的不妥之处：建设单位以工期紧为由要求总监理工程师撤回《工程暂停令》。

正确做法：建设单位应批准总监理工程师签发的《工程暂停令》。

试题三

1.【解题思路】

本题主要考核的是项目监理机构对分包单位的资格审查。

分包工程开工前，项目监理机构应审核施工单位报送的分包单位资格报审表及有关资料，专业监理工程师进行审核并提出审查意见，符合要求后，应由总监理工程师审批并签署意见。分包单位资格审核应包括的基本内容：（1）营业执照、企业资质等级证书；（2）安全生产许可文件；（3）类似工程业绩；（4）专职管理人员和特种作业人员的资格。

【参考答案】

针对事件1，项目监理机构对分包单位资格审查还应包括以下内容：安全生产许可证、类似工程业绩、专职管理人员和特种作业人员的资格证书。

2.【解题思路】

本题主要考核的是承包人索赔的申请。

承包人应在引起索赔事件发生后的28天内，向监理人递交索赔意向通知书，并说明发生索赔事件的事由。承包人应在发出索赔意向通知书后28天内，向监理人递交正式的索赔通知书，详细说明索赔理由以及要求追加的付款金额和（或）延长的工期，并附必要的记录和证明材料。对于具有持续影响的索赔事件，承包人应按合理时间间隔陆续递交持续的索赔通知，说明持续影响的实际情况和记录，列出累计的追加付款金额和（或）工期延长天数。在索赔事件影响结束后的28天内，承包人应向监理人递交最终索赔通知书，说明最终要求索赔的追加付款金额和延长的工期，并附必要的记录和证明材料。

监理人收到承包人提交的索赔通知书后，应及时审查索赔通知书的内容、查验承包人的记录和证明材料，必要时监理人可要求承包人提交全部原始记录副本。

监理人首先应争取通过与发包人和承包人协商达成索赔处理的一致意见，如果分歧较大，再单独确定追加的付款和（或）延长的工期。监理人应在收到索赔通知书或有关索赔的进一步证明材料后的42天内，将索赔处理结果答复承包人。

承包人接受索赔处理结果，发包人应在做出索赔处理结果答复后28天内完成赔付。承包人不接受索赔处理结果的，按合同争议解决。

【参考答案】

针对事件2，施工单位做法的不妥之处：向建设单位直接提交索赔报告。

正确做法：应在索赔事件发生后的28天内，向监理人递交索赔意向通知书，并说明发生索赔事件的事由。在发出索赔意向通知书后的28天内，向监理人递交正式的索赔通知书，详细说明索赔的理由以及要求，并提供必要的记录和证明材料。

建设单位做法的不妥之处：建设单位以施工单位执行的监理单位的指令为由拒绝施工单位的费用索赔。

正确做法：根据标准合同中应给承包人补偿的条款的规定同意施工单位的费用索赔，然后根据事件的性质对监理单位进行索赔。

3.【解题思路】

本题主要考核的是隐蔽工程检验。

监理人对已覆盖的隐蔽工程质量有疑问时，可要求承包人对已覆盖的部位进行钻孔探测或揭开重新检验，承包人应遵照执行，并在检验后重新覆盖恢复原状。经检验证明工程质量符合合同要求，由发包人承担由此增加的费用和（或）工期延误，并支付承包人合理利润；经检验证明工程质量不符合合同要求，由此增加的费用和（或）工期延误由承包人承担。

【参考答案】

针对事件 3，专业监理工程师的做法妥当，施工单位做法不妥当。

理由：无论监理工程师是否进行验收，当其要求对已经隐蔽的工程重新检验时，承包人均应按要求进行剥离或开孔，并在检验后重新覆盖或修复。检验合格，发包人承担由此发生的全部追加合同价款，赔偿承包人损失，并相应顺延工期。检验不合格，承包人承担发生的全部费用，工期不予顺延。

4.【解题思路】

本题主要考核的是工程质量保修。

建设工程承包单位在向建设单位提交工程竣工验收报告时，应当向建设单位出具质量保修书。质量保修书中应当明确建设工程的保修范围、保修期限和保修责任等。建设工程的保修期，自竣工验收合格之日起计算。

建设工程在保修范围和保修期限内发生质量问题的，施工单位应当履行保修义务，并对造成的损失承担赔偿责任。建设工程在超过合理使用年限后需要继续使用的，产权所有人应当委托具有相应资质等级的勘察、设计单位鉴定，并根据鉴定结果采取加固、维修等措施，重新界定使用期。

在正常使用条件下，建设工程最低保修期限为：

1）基础设施工程、房屋建筑的地基基础工程和主体结构工程，为设计文件规定的该工程合理使用年限。

2）屋面防水工程、有防水要求的卫生间、房间和外墙面的防渗漏，为 5 年。

3）供热与供冷系统，为 2 个采暖期、供冷期。

4）电气管道、给排水管道、设备安装和装修工程，为 2 年。

其他工程的保修期限由发包方与承包方约定。

【参考答案】

针对事件 4 的不妥之处：施工单位在工程验收后向建设单位提交工程质量保修书。

正确做法：应为施工单位向建设单位提交工程竣工验收报告的同时提交工程质量保修书。

工程质量保修书中所列内容妥当与否的判定：（1）妥当，符合《建设工程质量管理条例》的规定；（2）不妥当，低于最低保修期限 5 年的要求；（3）妥当，高于最低保修期 2 个采暖、供冷期的要求；（4）不妥当，低于最低保修期限 2 年的要求。

试题四

1.【解题思路】

本题主要考核的是评标委员会的组成。

依法必须进行招标的项目，其评标委员会由招标人的代表和有关技术、经济等方面的专家组成，成员人数为 5 人以上单数。其中，技术、经济等方面的专家不得少于成员总数的 2/3。评标委员会的专家成员应当从国务院有关部门或者省、自治区、直辖市人民政府有关部门提供的专家名册或者招标代理机构的专家库内的相关专业的专家名单中确定。一般招标项目可以采取随机抽取方式，特殊招标项目可以由招标人直接确定。

根据《评标委员会和评标方法暂行规定》，有下列情形之一的，不得担任评标委员会成员：

（1）投标人或者投标人主要负责人的近亲属；

（2）项目主管部门或者行政监督部门的人员；

（3）与投标人有经济利益关系，可能影响对投标公正评审的。

【参考答案】

事件 1 中建设单位提议的不妥之处及理由：

（1）不妥之处：招标监管机构工作人员 1 人。

理由：行政监督部门的人员不得担任评标委员会成员。

（2）不妥之处：技术、经济专家 3 人。

理由：评标委员会由招标人的代表和有关技术、经济等方面的专家组成，成员人数为 5 人以上单数。其中，技术、经济等方面的专家不得少于成员总数的 2/3，应至少为 4 人。

2.【解题思路】

本题主要考核的是评标的要求。

有下列情形之一的，评标委员会应当否决其投标：

（1）投标文件未经投标单位盖章和单位负责人签字；

（2）投标联合体没有提交共同投标协议；

（3）投标人不符合国家或者招标文件规定的资格条件；

（4）同一投标人提交两个以上不同的投标文件或者投标报价，但招标文件要求提交备选投标的除外；

（5）投标报价低于成本或者高于招标文件设定的最高投标限价；

（6）投标文件没有对招标文件的实质性要求和条件作出响应；

（7）投标人有串通投标、弄虚作假、行贿等违法行为。

【参考答案】

事件 2 中的评标委员会决定否决 A、B、C、D 投标人的投标是否正确及理由：

（1）评标委员会决定否决 A 投标人的投标是正确的。

理由：投标联合体没有提交共同投标协议，评标委员会应当否决其投标。

（2）评标委员会决定否决 B 投标人的投标是正确的。

理由：投标人有串通投标、弄虚作假、行贿等违法行为，评标委员会应当否决其投标。

（3）评标委员会决定否决 C 投标人的投标是不正确的。

理由：总监理工程师代表由具有工程类注册执业资格或具有中级及以上专业技术职称、3 年及以上工程实践经验并经监理业务培训的人员担任。

（4）评标委员会决定否决 D 投标人的投标是正确的。

理由：投标报价低于成本或者高于招标文件设定的最高投标限价，评标委员会应当否决其投标。

3.【解题思路】

本题主要考核的是建设单位、总监理工程师的责任和义务。

根据《建设工程监理规范》GB/T 50319—2013 的规定：

（1）总监理工程师职责

1）确定项目监理机构人员及其岗位职责。

2）组织编制监理规划，审批监理实施细则。

3）根据工程进展及监理工作情况调配监理人员，检查监理人员工作。

4）组织召开监理例会。

5）组织审核分包单位资格。

6）组织审查施工组织设计、（专项）施工方案。

7）审查工程开复工报审表，签发工程开工令、暂停令和复工令。

8）组织检查施工单位现场质量、安全生产管理体系的建立及运行情况。

9）组织审核施工单位的付款申请，签发工程款支付证书，组织审核竣工结算。

10）组织审查和处理工程变更。

11）调解建设单位与施工单位的合同争议，处理工程索赔。

12）组织验收分部工程，组织审查单位工程质量检验资料。

13）审查施工单位的竣工申请，组织工程竣工预验收，组织编写工程质量评估报告，参与工程竣工验收。

14）参与或配合工程质量安全事故的调查和处理。

15）组织编写监理月报、监理工作总结，组织整理监理文件资料。

（2）建设单位的职责

1）监理人员应熟悉工程设计文件，并应参加建设单位主持的图纸会审和设计交底会议，会议纪要应由总监理工程师签认。

2）建设工程按设计文件的规定内容和标准全部完成，并按规定将施工现场清理完毕后，达到竣工验收条件时，建设单位即可组织工程竣工验收。

【参考答案】

事件3中，依据《建设工程监理合同（示范文本）》建设单位提出的四项工作的负责对象：

（1）建设单位负责主持设计交底会议。

（2）总监理工程师签发《工程开工令》。

（3）总监理工程师签发《工程款支付证书》。

（4）建设单位负责组织工程竣工验收。

4.【解题思路】

本题主要考核的是工程监理单位用表的应用说明。

（1）《监理通知单》：《监理通知单》是项目监理机构在日常监理工作中常用的指令性文件。项目监理机构在建设工程监理合同约定的权限范围内，针对施工单位出现的各种问题所发出的指令、提出的要求等，除另有规定外，均应采用《监理通知单》。监理工程师现场发出的口头指令及要求，也应采用《监理通知单》予以确认。

施工单位发生下列情况时，项目监理机构应发出监理通知：

1) 在施工过程中出现不符合设计要求、工程建设标准、合同约定；

2) 使用不合格的工程材料、构配件和设备；

3) 在工程质量、造价、进度等方面存在违规等行为。

《监理通知单》可由总监理工程师或专业监理工程师签发，对于一般问题可由专业监理工程师签发，对于重大问题应由总监理工程师或经其同意后签发。

（2）《监理通知回复单》：施工单位在收到《监理通知单》后，按要求进行整改、自查合格后，应向项目监理机构报送《监理通知回复单》。项目监理机构收到施工单位报送的《监理通知回复单》后，一般可由原发出《监理通知单》的专业监理工程师进行核查，认可整改结果后予以签认。重大问题可由总监理工程师进行核查签认。

【参考答案】

（1）监理员的不妥之处：监理员巡视时发现，部分设备安装存在质量问题，即签发了《监理通知单》，要求施工单位整改。

正确做法：发现施工作业中的问题，监理员应及时指出并向总监理工程师或专业监理工程师报告，由总监理工程师或专业监理工程师签发《监理通知单》。

（2）施工单位的不妥之处：整改完毕后，施工单位回复了《整改工程报验表》，要求项目监理机构对整改结果进行复查。

正确做法：施工单位在收到《监理通知单》后，按要求进行整改、自查合格后，应向项目监理机构报送《监理通知回复单》。

试题五

1.【解题思路】

本题主要考核的是双代号时标网络计划图中关键线路的判断、总时差和自由时差的计算。

双代号时标网络计划是以时间坐标为尺度编制的网络计划。时标网络计划中应以实箭线表示工作，以虚箭线表示虚工作，以波形线表示工作的自由时差。

（1）关键线路：在时标网络计划中，逆着箭线方向自始至终不出现波形线的线路即为关键线路。因为不出现波形线，就说明在这条线路上相邻两项工作之间的时间间隔全部为零。

（2）工作总时差：以终点节点为完成节点的工作，其总时差应等于计划工期与本工作最早完成时间之差；其他工作的总时差等于其紧后工作的总时差加本工作与该紧后工作之间的时间间隔所得之和的最小值。

（3）工作自由时差：以终点节点为完成节点的工作，其自由时差应等于计划工期与本工作最早完成时间之差；其他工作的自由时差就是该工作箭线中波形线的水平投影长度。但当工作之后只紧接虚工作时，则该工作箭线上一定不存在波形线，而其紧接的虚箭线中波形线水平投影长度的最短者为该工作的自由时差。

解答本题时，一定要清楚知道是按调整后的网络计划来分析。

【参考答案】

（1）关键线路：B→F→I→L→N→P→R，或①→④→⑤→⑥→⑧→⑨→⑩→⑪→⑫。

（2）工作 A 的总时差：1 个月；自由时差：0 个月。

（3）工作 H 的总时差：3 个月；自由时差：3 个月。

2. 【解题思路】

本题主要考核的是工程延期与费用索赔的处理原则。

根据《建设工程施工合同（示范文本）》GF—2017—0201 的规定：

在施工现场发掘的所有文物、古迹以及具有地质研究或考古价值的其他遗迹、化石、钱币或物品属于国家所有。一旦发现上述文物，承包人应采取合理有效的保护措施，防止任何人员移动或损坏上述物品，并立即报告有关政府行政管理部门，同时通知监理人。

发包人、监理人和承包人应按有关政府行政管理部门要求采取妥善的保护措施，由此增加的费用和（或）延误的工期由发包人承担。

由于是结合网络图来分析是否索赔，在分析工期索赔时就应该考虑是否在关键线路上；不在关键线路上、是否超过总时差。

【参考答案】

事件 1 中，项目监理机构应批准的工期索赔为 0 个月；

理由：非关键工作 D 的总时差为 1 个月，工程暂停施工 1 个月，不影响总工期。

事件 1 中，项目监理机构应批准的费用索赔为 10 万元；

理由：在施工过程中发现地下文物，发包人、监理人和承包人应按有关政府行政管理部门要求采取妥善的保护措施，由此增加的费用由发包人承担。索赔事件是因非施工单位原因造成，项目总监理机构应批准的费用索赔为 10 万元。

3. 【解题思路】

本题主要考核的是调整施工总进度计划引起索赔的判断及计算。

根据《建设工程监理规范》GB/T 50319—2013 的规定：

（1）项目监理机构批准施工单位费用索赔应同时满足下列条件：

1）施工单位在施工合同约定的期限内提出费用索赔。

2）索赔事件是因非施工单位原因造成，且符合施工合同约定。

3）索赔事件造成施工单位直接经济损失。

当施工单位的费用索赔要求与工程延期要求相关联时，项目监理机构可提出费用索赔和工程延期的综合处理意见，并应与建设单位和施工单位协商。因施工单位原因造成建设单位损失，建设单位提出索赔时，项目监理机构应与建设单位和施工单位协商处理。

（2）项目监理机构批准工程延期应同时满足下列条件：

1）施工单位在施工合同约定的期限内提出工程延期。

2）因非施工单位原因造成施工进度滞后。

3）施工进度滞后影响到施工合同约定的工期。

施工单位因工程延期提出费用索赔时，项目监理机构可按施工合同约定进行处理。发生工期延误时，项目监理机构应按施工合同约定进行处理。

【参考答案】

事件 2 中，项目监理机构应批准的工期索赔和费用索赔数量及理由：

（1）项目监理机构应批准的工期索赔为 0 个月；

理由：在施工总进度计划中工作 K 有 1 个月的总时差，工作时间增加 1 个月并不影响总工期；工作 I 为关键工作，时间缩短 2 个月，关键线路变化为 A→G→K→N→P→R，总工期为 26 个月未受影响，故工期索赔不成立。

（2）项目监理机构应批准的费用索赔为 20 万元；

理由：建设单位要求的设计变更，由此增加的费用应由建设单位负责。

事件 2 中，调整后的施工总进度计划中，工作 A 是关键工作，总时差和自由时差均为 0。

4.【解题思路】

本题主要考核的是网络计划调整对总工期的影响。

（1）改变某些工作间的逻辑关系

当工程项目实施中产生的进度偏差影响到总工期，且有关工作的逻辑关系允许改变时，可以改变关键线路和超过计划工期的非关键线路上的有关工作之间的逻辑关系，达到缩短工期的目的。

（2）缩短某些工作的持续时间

这种方法是不改变工程项目中各项工作之间的逻辑关系，而通过采取增加资源投入、提高劳动效率等措施来缩短某些工作的持续时间，使工程进度加快，以保证按计划工期完成该工程项目。这些被压缩持续时间的工作是位于关键线路和超过计划工期的非关键线路上的工作。同时，这些工作又是其持续时间可被压缩的工作。这种调整方法通常可以在网络图上直接进行。

【参考答案】

针对事件 3，第 18 个月末，工作 J、N、M 实际进度对总工期的影响及理由：

（1）工作 J 拖后 2 个月对总工期无影响；

理由：工作 J 为非关键工作，且有 3 个月的总时差，故拖后 2 个月不影响总工期。

（2）工作 N 对总工期无影响；

理由：工作 N 为关键工作，实际进度正常，未影响总工期。

（3）工作 M 拖后 3 个月对总工期无影响；

理由：工作 M 为非关键工作，调整后有 4 个月的总时差，拖后 3 个月使工作 M 的总时差变为 1 个月，未影响总工期。

试题六

1.【解题思路】

本题主要考核的是预付款的计算。

（1）预付款的额度。包工包料工程的预付款的支付比例不得低于签约合同价（扣除暂列金额）的 10%，不宜高于签约合同价（扣除暂列金额）的 30%。对重大工程项目，按年度工程计划逐年预付。

（2）预付款的扣回。预付款应从每一个支付期应支付给承包人的工程进度款中扣回，直到扣回的金额达到合同约定的预付款金额为止。

预付的工程款必须在合同中约定扣回方式，扣回方式如下：

1）在承包人完成金额累计达到合同总价一定比例（双方合同约定）后，采用等比率或等额扣款的方式分期抵扣。

2）从未完施工工程尚需的主要材料及构件的价值相当于工程预付款数额时起扣，从每次中间结算工程价款中，按材料及构件比重抵扣工程预付款，至竣工之前全部扣清。

【参考答案】

该工程的工程预付款、预付款起扣时施工单位应实际完成的累计金额和每月应扣预付款分别为：

（1）工程预付款：$3245 \times 10\% = 324.50$ 万元。

（2）预付款起扣时应实际完成的累计金额：$3245 \times 30\% = 973.50$ 万元。

（3）每月应扣的预付款：$324.50/6 = 54.08$ 万元。

2. **【解题思路】**

本题主要考核的是不可抗力发生后果的承担。

根据《建设工程施工合同（示范文本）》的规定，不可抗力引起的后果及造成的损失由合同当事人按照法律规定及合同约定各自承担。不可抗力发生前已完成的工程应当按照合同约定进行计量支付。

不可抗力导致的人员伤亡、财产损失、费用增加和（或）工期延误等后果，由合同当事人按以下原则承担：

1）永久工程、已运至施工现场的材料和工程设备的损坏，以及因工程损坏造成的第三人人员伤亡和财产损失由发包人承担；

2）承包人施工设备的损坏由承包人承担；

3）发包人和承包人承担各自人员伤亡和财产的损失；

4）因不可抗力影响承包人履行合同约定的义务，已经引起或将引起工期延误的，应当顺延工期，由此导致承包人停工的费用损失由发包人和承包人合理分担，停工期间必须支付的工人工资由发包人承担；

5）因不可抗力引起或将引起工期延误，发包人要求赶工的，由此增加的赶工费用由发包人承担；

6）承包人在停工期间按照发包人要求照管、清理和修复工程的费用由发包人承担。

不可抗力发生后，合同当事人均应采取措施尽量避免和减少损失的扩大，任何一方当事人没有采取有效措施导致损失扩大的，应对扩大的损失承担责任。

因合同一方迟延履行合同义务，在迟延履行期间遭遇不可抗力的，不免除其违约责任。

【参考答案】

针对事件1，依据《建设工程施工合同（示范文本）》：

（1）修复在建分部分项工程费由建设单位承担；

（2）进场的工程材料损失由建设单位承担；

（3）施工机具闲置由施工单位承担；

（4）工程清理费由建设单位承担；

（5）施工机具损坏损失由施工单位承担；

（6）现场受伤工人的医药费由施工单位承担。

事件1中，建设单位应承担的费用＝修复在建分部分项工程费＋进场的工程材料损失＋工程清理费＝$18 \times (1 + 5\%)(1 + 8\%)(1 + 9\%) + (12 + 100 \times 0.015)(1 + 8\%)(1 + 9\%) =$

38.14 万元。

3.【解题思路】

本题主要考核的是赶工补偿的处理要求。

工程实施过程中，发包人要求合同工程提前竣工的，应征得承包人同意后与承包人商定采取加快工程进度的措施，并应修订合同工程进度计划。发包人应承担承包人由此增加的提前竣工（赶工补偿）费用。

赶工费用主要包括：（1）人工费的增加；（2）材料费的增加；（3）机械费的增加；（4）相应的管理费和利润。

【参考答案】

事件 2 中协商确定赶工费不计取利润不妥当；

理由：建设单位应承担修复的费用，并支付承包人合理的利润。

项目监理机构应批准的赶工费＝15×（1＋12%）×（1＋7%）×（1＋8%）×（1＋9%）＝21.16 万元。

4.【解题思路】

本题主要考核的是合同价格调整。

合同履行期间，因人工、材料、工程设备、机械台班价格波动影响合同价款时应根据合同约定的方法（如价格指数调整法或造价信息差额调整法）计算调整合同价款。承包人采购材料和工程设备的，应在合同中约定主要材料、工程设备价格变化的范围或幅度；如没有约定，《建设工程施工合同（示范文本）》提出：材料、工程设备单价变化超过5%，超过部分的价格应按照价格指数调整法或造价信息差额调整法计算调整材料、工程设备费。

发包人在招标工程量清单中给定暂估价的材料、工程设备属于依法必须招标的，由发承包双方以招标的方式选择供应商，确定价格，并以此为依据取代暂估价，调整合同价格。

暂估材料或工程设备的单价确定后，在综合单价中只应取代原暂估单价，不应在综合单价中涉及企业管理费或利润等其他费的变动。

【参考答案】

针对事件 3，施工单位对招标采购费用的索赔不妥当；

理由：招标采购费用已包含在合同报价中。

项目监理机构批准的调整综合单价及计算过程：

材料用量＝80/1000＝0.08t

该材料暂估价＝4350×0.08＝348 元

该材料实际采购价格＝5220×0.08＝417.60 元

该材料价的增加额＝417.60－348＝69.60 元

调整综合单价＝599.20＋69.60＝668.80 元

理由：暂估材料价确定后，在综合单价中只应取代原暂估单价，不应再在综合单价中涉及企业管理费或利润等其他费的变动。

2018 年度全国监理工程师资格考试试卷

本试卷均为案例分析题（共 6 题，每题 20 分），要求分析合理、结论正确；有计算要求的，应简要写出计算过程。

试 题 一

某工程，实施过程中发生如下事件：

事件 1：监理合同签订后，监理单位技术负责人组织编制了监理规划并报法定代表人审批，在第一次工地会议后，项目监理机构将监理规划报送建设单位。

事件 2：总监理工程师委托总监理工程师代表完成下列工作：①组织召开监理例会；②组织审查施工组织设计；③组织审核分包单位资格；④组织审查工程变更；⑤签发工程款支付证书；⑥调解建设单位与施工单位的合同争议。

事件 3：总监理工程师在巡视中发现，施工现场有一台起重机械安装后未经验收即投入使用，且存在严重安全事故隐患，总监理工程师随即向施工单位签发监理通知单要求整改，并及时报告建设单位。

事件 4：工程完工经自检合格后，施工单位向项目监理机构报送了工程竣工验收报审表及竣工资料，申请工程竣工验收。总监理工程师组织各专业监理工程师审查了竣工资料，认为施工过程中已对所有分部分项工程进行验收且均合格，随即在工程竣工验收报审表中签署了预验收合格的意见。

问题：

1. 指出事件 1 中的不妥之处，写出正确做法。

2. 逐条指出事件 2 中，总监理工程师可委托和不可委托总监理工程师代表完成的工作。

3. 指出事件 3 中总监理工程师的做法不妥之处，说明理由。写出要求施工单位整改的内容。

4. 根据《建设工程监理规范》GB/T 50319—2013，指出事件 4 中总监理工程师做法的不妥之处，写出总监理工程师在工程竣工预验收中还应组织完成的工作。

试 题 二

某工程，实施过程中发生如下事件：

事件 1：项目监理机构发现某分项工程混凝土强度未达到设计要求。经分析，造成该质量问题的主要原因为：①工人操作技能差；②砂石含泥量大；③养护效果差；④气温过低；⑤未进行施工交底；⑥搅拌机失修。

事件 2：对于深基坑工程，施工项目经理将组织编写的专项施工方案直接报送项目监理机构审核的同时，即开始组织基坑开挖。

事件3：施工中发现地质情况与地质勘察报告不符，施工单位提出工程变更申请。项目监理机构审查后，认为该工程变更涉及设计文件修改，在提出审查意见后将工程变更申请报送建设单位。建设单位委托原设计单位修改了设计文件。项目监理机构收到修改的设计文件后，立即要求施工单位据此安排施工，并在施工前组织了设计交底。

事件4：建设单位收到某材料供应商的举报，称施工单位已用于工程的某批装饰材料为不合格产品。据此，建设单位立即指令施工单位暂停施工，指令项目监理机构见证施工单位对该批材料的取样检测。经检测，该批材料为合格产品。为此，施工单位向项目监理机构提交了暂停施工后的人员窝工和机械闲置的费用索赔申请。

问题：

1. 针对事件1中的质量问题绘制包含人员、机械、材料、方法、环境五大因果分析图，并将①～⑥项原因分别归入五大要因之中。

2. 指出事件2中的不妥之处，写出正确做法。

3. 指出事件3中项目监理机构做法的不妥之处，写出正确的处理程序。

4. 事件4中，建设单位的做法是否妥当？项目监理机构是否应批准施工单位提出的索赔申请，分别说明理由。

试 题 三

某工程，实施过程中发生如下事件：

事件1：为控制工程质量，项目监理机构确定的巡视内容包括：①施工单位是否按工程设计文件进行施工；②施工单位是否按批准的施工组织设计、（专项）施工方案进行施工；③施工现场管理人员、特别是施工质量管理人员是否到位。

事件2：专业监理工程师收到施工单位报送的施工控制测量成果报验表后，检查和复核了施工单位测量人员的资格证书及测量设备检定证书。

事件3：项目监理机构在巡视中发现，施工单位正在加工的一批钢筋未经报验，随即签发了工程暂停令，要求施工单位暂停钢筋加工、办理见证取样检测及完善报验手续。施工单位质检员对该批钢筋取样后将样品送至项目监理机构，项目监理机构确认样品后要求施工单位将试样送检测单位检验。

事件4：在质量验收时，专业监理工程师发现某设备基础的预埋件位置偏差过大，即向施工单位签发了监理通知单要求整改。施工单位整改完成后电话通知项目监理机构进行检查，监理员检查确认整改合格后，即同意施工单位进行下道工序施工。

问题：

1. 针对事件1，项目监理机构对工程质量的巡视还应包括哪些内容？

2. 针对事件2，专业监理工程师对施工控制测量成果及保护措施还应检查、复核哪些内容？

3. 分别指出事件3中施工单位和项目监理机构做法的不妥之处，写出正确做法。

4. 分别指出事件4中施工单位和监理员做法的不妥之处，写出正确做法。

试 题 四

某工程的桩基工程和内装饰工程属于依法必须招标的暂估价分包工程，施工合同约定由施工单位负责招标。施工单位通过招标选择了 A 单位分包桩基工程施工。工程实施过程中发生如下事件：

事件 1：工程开工前，项目监理机构审查了施工单位报送的工程开工报审表及相关资料。确认具备开工条件后，总监理工程师在工程开工报审表中签署了同意开工的审核意见，同时签发了工程开工令。

事件 2：项目监理机构在巡视时发现，有 A、B 两家桩基工程施工单位在现场施工，经调查核实，为了保证施工进度，A 单位安排 B 单位进场施工，且 A、B 两单位之间签了承包合同，承包合同中明确主楼区域外的桩基工程由 B 单位负责施工。

事件 3：建设单位负责采购的一批工程材料提前运抵现场后，临时放置在现场备用仓库。该批材料使用前，按合同约定进行了清点和检验，发现部分材料损毁。为此，施工单位向项目监理机构提出申请，要求建设单位重新购置损毁的工程材料，并支付该批工程材料检验费。

事件 4：室内装饰工程招标工作启动后，施工单位在向项目监理机构报送的招标方案中提出的：

（1）允许施工单位的参股公司参与投标；

（2）投标单位必须具有本地类似工程业绩；

（3）招标控制价由施工单位最终确定；

（4）建设单位和施工单位共同确定中标人；

（5）由施工单位发出中标通知书；

（6）建设单位和施工单位共同与中标人签订合同。

问题：

1. 指出事件 1 中的不妥之处，写出正确做法。

2. 事件 2 中，A、B 两单位之间签订的承包合同是否有效？说明理由。写出项目监理机构对该事件的处理程序。

3. 逐项回答事件 3 中施工单位的要求是否合理，说明理由。

4. 逐项指出事件 4 招标方案中的提法是否妥当，不妥之处说明理由。

试 题 五

某工程，建设单位与施工单位按照《建设工程施工合同（示范文本）》签订了施工合同。经总监理工程师批准的施工总进度计划如下图所示（时间：月），各工作均按最早开始时间安排且匀速施工。

事件 1：为加强施工进度控制，总监理工程师指派总监理工程师代表：①制订进度目标控制的防范性对策；②调配进度控制监理人员。

事件 2：工作 D 开始后，由于建设单位未能及时提供施工图纸，使该工作暂停施工 1 个月。停工造成施工单位人员窝工损失 8 万元，施工机械台班闲置费 15 万元。为此，施工单位提出工程延期和费用补偿申请。

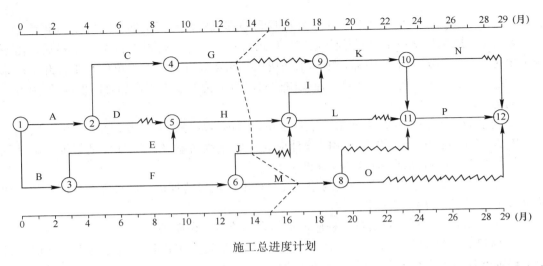

施工总进度计划

事件3：工程进行到第11个月遇强台风，造成工作G和H实际进度拖后，同时造成人员窝工损失60万元、施工机械闲置损失100万元、施工机械损坏损失110万元。由于台风影响，到第15个月末，实际进度前锋线如上图所示。为此，施工单位提出工程延期2个月和费用补偿270万元的索赔。

问题：

1. 指出上图中所示施工总进度计划的关键路线及工作F、M的总时差和自由时差。

2. 指出事件1中总监理工程师做法的不妥之处，说明理由。

3. 针对事件2，项目监理机构应批准的工程延期和费用补偿分别为多少？说明理由。

4. 根据上图中所示前锋线，工作J和M的实际进度超前或拖后的时间分别是多少？对总工期是否有影响？

5. 事件3中，项目监理机构应批准的工程延期和费用补偿分别为多少？说明理由。

试 题 六

某工程，签约合同价为30850万元，合同工期为30个月，预付款为签约合同价的20%，从开工后第5个月开始分10个月等额扣回。工程项质量保证金为签约合同价的3%，开工后每月按进度款的10%扣留，扣留至足额为止。施工合同约定：工程进度款按月结算。因清单工程量偏差和工程设计变更等导致的实际工程量偏差超过15%时，可以调整综合单价。实际工程量增加15%以上时，超出部分的工程量综合单价调值系数为0.9，实际工程量减少15%以上时，减少后剩余部分的工程量综合单价调值系数为1.1。

按照项目监理机构批准的施工组织设计，施工单位计划完成的工程价款见下表。

计划完成工程价款表

时间（月）	1	2	3	4	5	6	7	…	15	…
工程价款（万元）	700	1050	1200	1450	1700	1700	1900	…	2100	…

工程实施过程中发生如下事件：

事件1：由于设计差错修改图纸使局部工程量发生变化，由原招标工程量清单中的1320m³变更为1670m³，相应投标综合单价为378元/m³。施工单位按批准后的修改图纸在工程开工后第 5 个月完成工程施工，并向项目监理机构提出了增加合同价款的申请。

事件 2：原工程量清单中暂估价为 300 万元的专业工程，建设单位组织招标后，由原施工单位以 357 万元的价格中标，招标采购费用共花费 3 万元。施工单位在工程开工后第 7 个月完成该专业工程施工，并要求建设单位对该暂估价专业工程增加合同价款 60 万元。

问题：

1. 计算该工程质量保证金和第 7 个月应扣留的预付款各为多少万元？

2. 工程质量保证金扣留至足额时预计应完成的工程价款及相应月份是多少？该月预计应扣留的工程质量保证金是多少万元？

3. 事件 1 中，综合单价是否应调整？说明理由。项目监理机构应批准的合同价款增加额是多少万元？（写出计算过程）

4. 针对事件 2，计算暂估价工程应增加的合同价款，说明理由。

5. 项目监理机构在第 3、5、7 个月和第 15 个月签发的工程款支付证书中实际应支付的工程进度款各为多少万元？（计算结果保留 2 位小数）

2018 年度全国监理工程师资格考试试卷参考答案及解析

试题一

1.【解题思路】

本题主要考核的是考生对监理规划编写要求的掌握。根据《建设工程监理规范》GB/T 50319—2013 的规定：

4.2.1 监理规划可在签订建设工程监理合同及收到工程设计文件后由总监理工程师组织编制，并应在召开第一次工地会议前报送建设单位。

4.2.2 监理规划编审应遵循下列程序：

（1）总监理工程师组织专业监理工程师编制。

（2）总监理工程师签字后由工程监理单位技术负责人审批。

在监理案例分析题考试中，一般会考监理规划什么时候编制，由谁编制，由谁审批，因此，这里又会涉及总监理工程师、总监理工程师代表、专业监理工程师和监理员职责的相关知识。因此，考生对于前述监理人员的职责要熟练掌握。

【参考答案】

事件 1 中的不妥之处及正确做法：

（1）不妥之处一：监理合同签订后，监理单位技术负责人组织编制了监理规划。

正确做法：监理合同签订及收到工程设计文件后，由总监理工程师组织编制监理规划。

（2）不妥之处二：监理规划报法定代表人审批。

正确做法：监理规划在编写完成后，经总监理工程师签字，由工程监理单位技术负责人审批。

（3）不妥之处三：第一次工地会议后，项目监理机构将监理规划报送建设单位。

正确做法：项目监理机构应在召开第一次工地会议前报送建设单位。

2.【解题思路】

本题主要考核的是考生对总监理工程师和总监理工程师代表的职责的掌握。考生可根据下表将总监理工程师和总监理工程师代表的职责进行对比记忆。

3.2.1 总监理工程师应履行下列职责	3.2.2 总监理工程师不得将下列工作委托给总监理工程师代表
（1）确定项目监理机构人员及其岗位职责	
（2）组织编制监理规划，审批监理实施细则	（1）组织编制监理规划，审批监理实施细则
（3）根据工程进展及监理工作情况调配监理人员，检查监理人员工作	（2）根据工程进展及监理工作情况调配监理人员
（4）组织召开监理例会	
（5）组织审核分包单位资格	
（6）组织审查施工组织设计、（专项）施工方案	（3）组织审查施工组织设计、（专项）施工方案
（7）审查工程开复工报审表，签发工程开工令、暂停令和复工令	（4）签发工程开工令、暂停令和复工令
（8）组织检查施工单位现场质量、安全生产管理体系的建立及运行情况	
（9）组织审核施工单位的付款申请，签发工程款支付证书，组织审核竣工结算	（5）签发工程款支付证书，组织审核竣工结算
（10）组织审查和处理工程变更	
（11）调解建设单位与施工单位的合同争议，处理工程索赔	（6）调解建设单位与施工单位的合同争议，处理工程索赔
（12）组织验收分部工程，组织审查单位工程质量检验资料	
（13）审查施工单位的竣工申请，组织工程竣工预验收，组织编写工程质量评估报告，参与工程竣工验收	（7）审查施工单位的竣工申请，组织工程竣工预验收，组织编写工程质量评估报告，参与工程竣工验收
（14）参与或配合工程质量安全事故的调查和处理	（8）参与或配合工程质量安全事故的调查和处理
（15）组织编写监理月报、监理工作总结，组织整理监理文件资料	

【参考答案】

事件 2 中，总监理工程师可委托和不可委托总监理工程师代表完成的工作如下：

① 属于可以委托总监理工程师代表完成的工作。

② 属于不可委托给总监理工程师代表完成的工作。

③ 属于可以委托总监理工程师代表完成的工作。

④ 属于可以委托总监理工程师代表完成的工作。

⑤ 属于不可委托给总监理工程师代表完成的工作。

⑥ 属于不可委托给总监理工程师代表完成的工作。

3.【解题思路】

本题主要考核的是考生对工程暂停及复工处理的掌握。关于工程暂停情形的判断，考生要根据背景资料进行分析判断，具体的复工处理，考生根据《建设工程监理规范》GB/T 50319—2013 相关规定进行处理。根据《建设工程监理规范》GB/T 50319—2013 的规定：

6.2.2 项目监理机构发现下列情况之一时，总监理工程师应及时签发工程暂停令：

（1）建设单位要求暂停施工且工程需要暂停施工的。

（2）施工单位未经批准擅自施工或拒绝项目监理机构管理的。

（3）施工单位未按审查通过的工程设计文件施工的。

（4）施工单位违反工程建设强制性标准的。

（5）施工存在重大质量、安全事故隐患或发生质量、安全事故的。

6.2.3 总监理工程师签发工程暂停令应事先征得建设单位同意，在紧急情况下未能事先报告时，应在事后及时向建设单位作出书面报告。

6.2.7 当暂停施工原因消失、具备复工条件时，施工单位提出复工申请的，项目监理机构应审查施工单位报送的工程复工报审表及有关材料，符合要求后，总监理工程师应及时签署审查意见，并应报建设单位批准后签发工程复工令；施工单位未提出复工申请的，总监理工程师应根据工程实际情况指令施工单位恢复施工。

【参考答案】

事件3中总监理工程师的做法不妥之处：总监理工程师随即向施工单位签发监理通知单要求整改。

理由：施工现场有一台起重机械安装后未经验收即投入使用，且存在严重安全事故隐患，总监理工程师应向施工单位签发工程暂停令，并及时向建设单位报告。施工单位拒不整改或不停止施工时，项目监理机构应及时向有关主管部门报送监理报告。

要求施工单位应整改的内容：监理机构应要求施工单位停止使用该起重机械。施工单位在使用施工起重机械前，应当组织有关单位进行验收，也可以委托具有相应资质的检验检测机构进行验收；使用承租的机械设备和施工机具及配件的，应由施工总承包单位、分包单位、出租单位和安装单位共同进行验收，验收合格的方可使用。当暂停施工原因消失、具备复工条件时，施工单位提出复工申请的，项目监理机构应审查施工单位报送的工程复工报审表及有关材料，符合要求后，总监理工程师应及时签署审查意见，并应报建设单位批准后签发工程复工令；施工单位未提出复工申请的，总监理工程师应根据工程实际情况指令施工单位恢复施工。施工单位可以启用该施工机械。

4.【解题思路】

本题主要考核的是考生对工程质量控制的掌握。根据《建设工程监理规范》GB/T 50319—2013规定：

5.2.18 项目监理机构应审查施工单位提交的单位工程竣工验收报审表及竣工资料，组织工程竣工预验收。存在问题的，应要求施工单位及时整改；合格的，总监理工程师应签认单位工程竣工验收报审表。

5.2.19 工程竣工预验收合格后，项目监理机构应编写工程质量评估报告，并应经总监理工程师和工程监理单位技术负责人审核签字后报建设单位。

【参考答案】

根据《建设工程监理规范》GB/T 50319—2013，事件4中总监理工程师做法的不妥之处如下：总监理工程师在工程竣工验收报审表中签署了预验收合格的意见。

总监理工程师在工程竣工预验收中还应组织完成的工作：总监理工程师在收到竣工验收报审表及竣工资料后，组织专业监理工程师进行审查并进行预验收，合格后签署预验收意见。工程竣工预验收合格后，项目监理机构应编写工程质量评估报告，并应经总监理工程师和工程监理单位技术负责人审核签字后报建设单位。

试题二

1.【解题思路】

本题主要考核的是考生对因果分析图（也称特性要因图、树枝图或鱼刺图）绘制的理解及掌握。对于因果分析图，首先要理解因果分析图的组成，包括质量特性（即质量结果指某个质量问题）、要因（产生质量问题的主要原因）、枝干（指一系列箭线表示不同层次的原因）、主干（指较粗的直接指向质量结果的水平箭线）等。在了解其构造的基础上，再根据其绘制步骤进行绘制即可。考核难度一般，考生只要能对相关原因划分正确就能做出本题。

因果分析图的绘制步骤与图中箭头方向相反，是从结果开始将原因逐层分解的，具体步骤如下：

（1）明确质量问题（就是通常所说的结果）。本案例分析的质量问题是"混凝土强度未达到设计要求"，作图时首先由左至右画出一条水平主干线，箭头指向一个矩形框，框内注明研究的问题，即结果。

（2）分析确定影响质量特性大的方面原因。影响质量因素有包括：人员、机械、材料、方法、环境等（五种因素）。除此之外，还可以按产品生产过程进行分析。本案例问题1中就只要求分析五种因素即可。

（3）将每种大原因进一步分解为中原因、小原因，直至分解的原因可采取具体措施加以解决为止。本案例问题1只要进行中原因分析即可。

（4）检查图中的所列原因是否齐全，可以对初步分析结果广泛征求意见，并做必要的补充及修改。

选择出现数量多、影响大的关键因素，做出标记"△"。以便重点采取措施。

【参考答案】

因果分析图如下图所示：

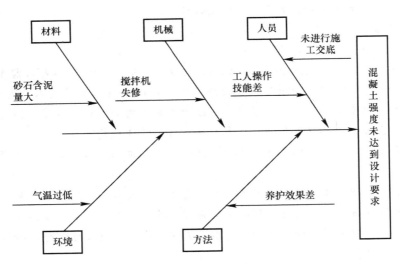

混凝土强度不足的因果分析图

2.【解题思路】

本题主要考核的是考生对施工单位安全责任的掌握。《建设工程安全生产管理条例》（国务院第393号令）第二十六条规定，施工单位应当在施工组织设计中编制安全技术措施和施工现场临时用电方案，对下列达到一定规模的危险性较大的分部分项工程编制专项施工方案，并附具安全验算结果，经施工单位技术负责人、总监理工程师签字后实施，由专职安全生产管理人员进行现场监督：

（1）基坑支护与降水工程；

（2）土方开挖工程；

（3）模板工程；

（4）起重吊装工程；

（5）脚手架工程；

（6）拆除、爆破工程；

（7）国务院建设行政主管部门或者其他有关部门规定的其他危险性较大的工程。

对前款所列工程中涉及深基坑、地下暗挖工程、高大模板工程的专项施工方案，施工单位还应当组织专家进行论证、审查。

《建设工程安全生产管理条例》（国务院第 393 号令）第二十七条规定，建设工程施工前，施工单位负责项目管理的技术人员应当对有关安全施工的技术要求向施工作业班组、作业人员作出详细说明，并由双方签字确认。

根据《建设工程监理规范》GB/T 50319—2013 第 5.5.3 条规定，项目监理机构应审查施工单位报审的专项施工方案，符合要求的，应由总监理工程师签认后报建设单位。超过一定规模的危险性较大的分部分项工程的专项施工方案，应检查施工单位组织专家进行论证、审查的情况，以及是否附具安全验算结果。项目监理机构应要求施工单位按已批准的专项施工方案组织施工。专项施工方案需要调整时，施工单位应按程序重新提交项目监理机构审查。专项施工方案审查应包括下列基本内容：

（1）编审程序应符合相关规定。

（2）安全技术措施应符合工程建设强制性标准。

【参考答案】

事件 2 中的不妥之处及正确做法：

（1）不妥之处一：施工项目经理将组织编写的专项施工方案直接报送项目监理机构审核。

正确做法：项目经理应将深基坑专项施工方案报送给施工单位技术、安全管理部门，施工单位应当组织专家进行论证、审查，经过专家审查的专项施工方案需经施工单位技术负责人签字，附安全验算结果和专家审查意见，报送监理机构审查。

（2）不妥之处二：专项施工方案直接报送项目监理机构审核的同时，即开始组织基坑开挖。

正确做法：专项施工方案经总监理工程师签字后方可实施。建设工程施工前，施工单位负责项目管理的技术人员应当对有关安全施工的技术要求向施工作业班组、作业人员作出详细说明，并由双方签字确认。施工时由专职安全生产管理人员进行现场监督。

3.【解题思路】

本题主要考核的是考生对工程变更处理的掌握。根据背景资料，这里考核的是施工单位提出的工程变更处理程序，考生要对其变更程序进行掌握。根据《建设工程监理规范》GB/T 50319—2013 中第 6.3.1 条对施工单位提出的工程变更处理程序做了详细规定，项目监理机构可按下列程序处理施工单位提出的工程变更：

（1）总监理工程师组织专业监理工程师审查施工单位提出的工程变更申请，提出审查意见。对涉及工程设计文件修改的工程变更，应由建设单位转交原设计单位修改工程设计文件。必要时，项目监理机构应建议建设单位组织设计、施工等单位召开论证工程设计文件的修改方案的专题会议。

（2）总监理工程师组织专业监理工程师对工程变更费用及工期影响作出评估。

（3）总监理工程师组织建设单位、施工单位等共同协商确定工程变更费用及工期变化，会签工程变更单。

（4）项目监理机构根据批准的工程变更文件监督施工单位实施工程变更。

【参考答案】

事件3中项目监理机构做法的不妥之处：

（1）不妥之处一：项目监理机构收到修改的设计文件后，立即要求施工单位据此安排施工。

（2）不妥之处二：项目监理机构在施工前组织了设计交底。

项目监理机构可按下列程序处理施工单位提出的工程变更：

（1）总监理工程师组织专业监理工程师审查施工单位提出的工程变更申请，提出审查意见。对涉及工程设计文件修改的工程变更，应由建设单位转交原设计单位修改工程设计文件。必要时，项目监理机构应建议建设单位组织设计、施工等单位召开论证工程设计文件的修改方案的专题会议。

（2）总监理工程师组织专业监理工程师对工程变更费用及工期影响作出评估。

（3）总监理工程师组织建设单位、施工单位等共同协商确定工程变更费用及工期变化，会签工程变更单。

（4）项目监理机构根据批准的工程变更文件监督施工单位实施工程变更。

4.【解题思路】

本题主要考核的是工程暂停令的签发和承包人提供材料的处理。

（1）在监理工程师案例分析题考试中，有监理通知单、工程暂停令、工程复工令的签发，其签发人、签发情形都有可能考核，因此考生要对前述内容进行掌握。下表对其前述内容进行总结，好方便考生记忆。

	监理通知单	工程暂停令	工程复工令
签发人	专业监理工程师（一般问题）或总监理工程师（重大问题）	总监理工程师	总监理工程师应及时签署审批意见，并报建设单位批准后签发工程复工令
签发情形	施工单位发生下列情况时，项目监理机构应发出监理通知：（1）在施工过程中出现不符合设计要求、工程建设标准、合同约定。（2）使用不合格的工程材料、构配件和设备。（3）在工程质量、造价、进度等方面存在违规等行为	根据《建设工程监理规范》GB/T 50319—2013第6.2.2条规定，项目监理机构发现下列情况之一时，总监理工程师应及时签发工程暂停令：（1）建设单位要求暂停施工且工程需要暂停施工的。（2）施工单位未经批准擅自施工或拒绝项目监理机构管理的。（3）施工单位未按审查通过的工程设计文件施工的。（4）施工单位违反工程建设强制性标准的。（5）施工存在重大质量、安全事故隐患或发生质量、安全事故的	根据《建设工程监理规范》GB/T 50319—2013第6.2.7条规定，当暂停施工原因消失、具备复工条件时，施工单位提出复工申请的，项目监理机构应审查施工单位报送的工程复工报审表及有关材料，符合要求后，总监理工程师应及时签署审查意见，并应报建设单位批准后签发工程复工令；施工单位未提出复工申请的，总监理工程师应根据工程实际情况指令施工单位恢复施工

	监理通知单	工程暂停令	工程复工令
备注	监理工程师现场发出的口头指令及要求,也采用监理通知单予以确认	对于建设单位要求停工的,总监理工程师经过独立判断,认为有必要暂停施工的,可签发工程暂停令;认为没有必要暂停施工的,不应签发工程暂停令。施工单位拒绝执行项目监理机构的要求和指令时,总监理工程师应视情况签发工程暂停令。对于施工单位未经批准擅自施工或分别出现上述(3)、(4)、(5)三种情况时,总监理工程师应签发工程暂停令。总监理工程师签发工程暂停令,应事先征得建设单位同意	因施工单位原因引起工程暂停的,施工单位在复工前应向项目监理机构提交工程复工报审表申请复工

(2)《建设工程工程量清单计价规范》GB 50500—2013中第3.3.3条规定,对承包人提供的材料和工程设备经检测不符合合同约定的质量标准,发包人应立即要求承包人更换,由此增加的费用和(或)工期延误应由承包人承担。对发包人要求检测承包人已具有合格证明的材料、工程设备,但经检测证明该项材料、工程设备符合合同约定的质量标准,发包人应承担由此增加的费用和(或)工期延误,并向承包人支付合理利润。

【参考答案】

(1)事件4中,建设单位的做法不妥当。

理由:根据合同约定与《建设工程监理规范》GB/T 50319—2013规定,在建设工程监理工作范围内,建设单位与施工单位之间与建设工程有关的联系活动应通过监理单位进行,故建设单位收到举报后,应通过总监理工程师下达《工程暂停施工令》。

(2)项目监理机构应批准施工单位提出的索赔申请。

理由:根据合同约定与《建设工程工程量清单计价规范》GB/T 50500—2013规定,对发包人要求检测承包人已具有合格证明的材料、工程设备,但经检测证明该项材料、工程设备符合合同约定的质量标准,发包人应承担由此增加的费用和(或)工期延误,并向承包人支付合理利润。因此项目监理机构应批准施工单位提出的索赔申请,因该批装饰材料质量符合要求,应由建设单位承担相关费用。

试题三

1.【解题思路】

本题主要考核的是考生对巡视内容的掌握。根据《建设工程监理规范》GB/T 50319—2013第5.2.12条规定,项目监理机构应安排监理人员对工程施工质量进行巡视。巡视应包括下列主要内容:

(1)施工单位是否按工程设计文件、工程建设标准和批准的施工组织设计、(专项)施工方案施工。

(2)使用的工程材料、构配件和设备是否合格。

(3)施工现场管理人员,特别是施工质量管理人员是否到位。

(4)特种作业人员是否持证上岗。

本题属于补充作答题型,考生根据背景材料事件1中已告知的巡视的内容进行排除,那么剩下的就是需要考生作答的内容了。

【参考答案】

针对事件 1，项目监理机构对工程质量的巡视还应包括下列内容：

(1) 施工单位是否按工程建设标准施工。

(2) 使用的工程材料、构配件和设备是否合格。

(3) 特种作业人员是否持证上岗。

2.【解题思路】

本题主要考核的是考生对查验施工控制测量成果的掌握。根据《建设工程监理规范》GB/T 50319—2013 第 5.2.5 条规定，专业监理工程师应检查、复核施工单位报送的施工控制测量成果及保护措施，签署意见。专业监理工程师应对施工单位在施工过程中报送的施工测量放线成果进行查验。施工控制测量成果及保护措施的检查、复核，应包括下列内容：

(1) 施工单位测量人员的资格证书及测量设备检定证书。

(2) 施工平面控制网、高程控制网和临时水准点的测量成果及控制桩的保护措施。

【参考答案】

针对事件 2，专业监理工程师对施工控制测量成果及保护措施还应检查、复核的内容有施工平面控制网、高程控制网和临时水准点的测量成果及控制桩的保护措施。

3.【解题思路】

本题主要考核的是考生对见证取样的掌握。见证取样的程序、见证监理人员工作内容和职责都是需要考生掌握的内容，在监理案例分析题考试中都有可能进行考核。一般是在背景材料中给出发生的事件，然后让考生进行分析判断，或者进行直接问答的形式进行提问。因此，考生在回答分析判断类型题型时，一定要将事件结合相关理论知识进行分析作答。

【参考答案】

(1) 事件 3 中施工单位做法的不妥之处及正确做法：

① 不妥之处一：施工单位的钢筋未经报验，即开始加工。

正确做法：施工单位应将该批钢筋的质量证明文件报送给监理机构。

② 不妥之处二：施工单位质检员对该批钢筋取样。

正确做法：施工单位在对进场材料、试块、试件、钢筋接头等实施见证取样前要通知负责见证取样的专业监理工程师，在该专业监理工程师现场监督下，施工单位按相关规范的要求，完成材料、试块、试件等的取样过程。

③ 不妥之处三：施工单位质检员将样品送至项目监理机构。

正确做法：完成取样后，施工单位取样人员应在试样或其包装上作出标识、封志。标识和封志应标明工程名称、取样部位、取样日期、样品名称和样品数量等信息，并由见证取样的专业监理工程师和施工单位取样人员签字。如钢筋样品、钢筋接头，则贴上专用加封标志，然后施工单位送往试验室。

(2) 事件 3 中监理单位做法的不妥之处及正确做法：

① 不妥之处一：专业监理工程师发现施工单位一批钢筋未经报验，随即签发了工程暂停令。

正确做法：钢筋未经报验不属于签发工程暂停令的范围，专业监理工程师应当签发监理通知单，要求施工单位办理见证取样检测及完善报验手续，将该批钢筋的质量证明文件报送给监理机构。

② 不妥之处二：项目监理机构确认样品后要求施工单位将试样送检测单位检验。

正确做法：见证取样的专业监理工程师应根据见证取样实施细则要求、按程序实施见证取样工作，包括：在现场进行见证，监督施工单位取样人员按随机取样方法和试件制作方法进行取样；对试样进行监护、封样加锁；在检验委托单签字，并出示"见证员证书"；协助建立包括见证取样送检计划、台账等在内的见证取样档案等。因此，专业监理工程师现场监督取样过程，完成取样后，施工单位取样人员应在试样或其包装上作出标识、封志，然后送往实验室。

4.【解题思路】

本题主要考核的是监理通知单、工程暂停令的签发。根据《建设工程监理规范》GB/T 50319—2013 第 5.2.15 条规定，项目监理机构发现施工存在质量问题的，或施工单位采用不适当的施工工艺，或施工不当，造成工程质量不合格的，应及时签发监理通知单，要求施工单位整改。整改完毕后，项目监理机构应根据施工单位报送的监理通知回复单对整改情况进行复查，提出复查意见。第 5.2.16 条规定，对需要返工处理或加固补强的质量缺陷，项目监理机构应要求施工单位报送经设计等相关单位认可的处理方案，并应对质量缺陷的处理过程进行跟踪检查，同时应对处理结果进行验收。

【参考答案】

(1) 事件 4 中施工单位的不妥之处：施工单位整改完成后电话通知项目监理机构进行检查。

正确做法：设备基础预埋件偏差过大属于未按审查通过的工程设计文件施工的情况，应该下发工程暂停令，施工单位整改完成后，应向项目监理机构进行检查。

(2) 事件 4 中监理员不妥之处及正确做法：

① 不妥之处一：专业监理工程师即向施工单位签发了监理通知单要求整改。

正确做法：设备基础预埋件偏差过大属于未按审查通过的工程设计文件施工的情况，应该下发工程暂停令，由总监理工程师签发。

② 不妥之处二：监理员检查确认。

正确做法：应该是专业监理工程师检查确认隐蔽工程验收。

③ 不妥之处三：监理员同意施工单位进行下道工序施工。

正确做法：对需要返工处理或加固补强的质量缺陷，项目监理机构应要求施工单位报送经设计等相关单位认可的处理方案，并应对质量缺陷的处理过程进行跟踪检查，同时应对处理结果进行验收。

试题四

1.【解题思路】

本题主要考核的是工程开工令的签发。根据《建设工程监理规范》GB/T 50319—2013 第 5.1.8 条规定，总监理工程师应组织专业监理工程师审查施工单位报送的工程开工报审表及相关资料；同时具备下列条件时，应由总监理工程师签署审核意见，并应报建设单位批准后，总监理工程师签发工程开工令：

（1）设计交底和图纸会审已完成。

（2）施工组织设计已由总监理工程师签认。

（3）施工单位现场质量、安全生产管理体系已建立，管理及施工人员已到位，施工机械具备使用条件，主要工程材料已落实。

（4）进场道路及水、电、通信等已满足开工要求。

【参考答案】

事件1中的不妥之处：总监理工程师在工程开工报审表中签署了同意开工的审核意见，同时签发了工程开工令。

正确做法：在工程开工报审表中，总监理工程师签署审查意见，并报建设单位批准后，总监理工程师方可签发工程开工令。

2.【解题思路】

本题主要考核的是建筑工程承包、复工审批或指令。根据《建筑法》第二十九条规定，建筑工程总承包单位可以将承包工程中的部分工程发包给具有相应资质条件的分包单位；但是，除总承包合同中约定的分包外，必须经建设单位认可。施工总承包的，建筑工程主体结构的施工必须由总承包单位自行完成。

建筑工程总承包单位按照总承包合同的约定对建设单位负责；分包单位按照分包合同的约定对总承包单位负责。总承包单位和分包单位就分包工程对建设单位承担连带责任。

禁止总承包单位将工程分包给不具备相应资质条件的单位。禁止分包单位将其承包的工程再分包。

根据《建设工程监理规范》GB/T 50319—2013 第6.2.7条规定，当暂停施工原因消失、具备复工条件时，施工单位提出复工申请的，项目监理机构应审查施工单位报送的工程复工报审表及有关材料，符合要求后，总监理工程师应及时签署审查意见，并应报建设单位批准后签发工程复工令；施工单位未提出复工申请的，总监理工程师应根据工程实际情况指令施工单位恢复施工。

【参考答案】

（1）事件2中，A、B两单位之间签订的承包合同无效。

理由：根据《建筑法》的规定，禁止分包单位将其承包的工程再分包。因此A单位不得将其所承揽的工程再分包，A、B两单位之间签订的承包合同也因此无效。

（2）项目监理机构对该事件的处理程序：

① 由总监理工程师向施工单位签发工程暂停令，责令B单位退场，并要求施工单位对B单位已施工部分的质量进行检查验收。

② 若检查验收合格，则由施工单位向项目监理机构提交工程复工报审表；总监理工程师组织检验、验收，如符合要求，总监理工程师及时签署审批意见，并报建设单位批准后，总监理工程师签发工程复工令。若检查验收不合格，则指令A单位返工处理。

3.【解题思路】

本题主要考核的是材料采购合同的履行中提前交付货物的处理。属于约定由采购方自提货物的合同，采购方接到对方发出的提前提货通知后，可以根据自己的实际情况拒绝提前提货；对于供货方提前发运或交付的货物，买受人仍可按合同规定的时间付款，而且对多交货部分，以及品种、型号、规格、质量等不符合合同规定的产品，在代为保管期内实际支出的保管、保养等费用由供货方承担。代为保管期内，不是因采购方保管不善原因而导致的损失，仍由供货方负责。

【参考答案】

（1）事件3中，施工单位要求建设单位重新购置损毁的工程材料合理。

理由：代为保管期间，不是因保管不善而使部分材料损毁，仍由建设单位负责。

（2）事件3中，施工单位要求支付该批工程材料检验费不合理。

理由：材料检验费已包含在合同价款内。

4. 【解题思路】

本题主要考核的是投标的禁止性行为、禁止不合理地限制投标、招标控制价、中标人的确定、中标通知书的发出、合同的签订。

（1）《招标投标法实施条例》（国务院令第613号）第三十四条规定，与招标人存在利害关系可能影响招标公正性的法人、其他组织或者个人，不得参加投标。

单位负责人为同一人或者存在控股、管理关系的不同单位，不得参加同一标段投标或者未划分标段的同一招标项目投标。

违反前两款规定的，相关投标均无效。

（2）《招标投标法实施条例》（国务院令第613号）第三十二条规定，招标人不得以不合理的条件限制、排斥潜在投标人或者投标人。

招标人有下列行为之一的，属于以不合理条件限制、排斥潜在投标人或者投标人：

① 就同一招标项目向潜在投标人或者投标人提供有差别的项目信息；

② 设定的资格、技术、商务条件与招标项目的具体特点和实际需要不相适应或者与合同履行无关；

③ 依法必须进行招标的项目以特定行政区域或者特定行业的业绩、奖项作为加分条件或者中标条件；

④ 对潜在投标人或者投标人采取不同的资格审查或者评标标准；

⑤ 限定或者指定特定的专利、商标、品牌、原产地或者供应商；

⑥ 依法必须进行招标的项目非法限定潜在投标人或者投标人的所有制形式或者组织形式；

⑦ 以其他不合理条件限制、排斥潜在投标人或者投标人。

（3）除合同另有约定外，承包人不参加投标的专业工程发包招标，应由承包人作为招标人，但拟定的招标文件、评标工作、评标结果应报送发包人批准。

（4）《招标投标法》第四十条规定，评标委员会应当按照招标文件确定的评标标准和方法，对投标文件进行评审和比较；设有标底的，应当参考标底。评标委员会完成评标后，应当向招标人提出书面评标报告，并推荐合格的中标候选人。招标人根据评标委员会提出的书面评标报告和推荐的中标候选人确定中标人。招标人也可以授权评标委员会直接确定中标人。

（5）《招标投标法》第四十五条规定，中标人确定后，招标人应当向中标人发出中标通知书，并同时将中标结果通知所有未中标的投标人。中标通知书对招标人和中标人具有法律效力。中标通知书发出后，招标人改变中标结果的，或者中标人放弃中标项目的，应当依法承担法律责任。

（6）《招标投标法》第四十六条规定，招标人和中标人应当自中标通知书发出之日起30日内，按照招标文件和中标人的投标文件订立书面合同。招标人和中标人不得再行订立背离合同实质性内容的其他协议。招标文件要求中标人提交履约保证金的，中标人应当提交。

【参考答案】

事件4招标方案中的提法是否妥当的判断及理由：

（1）不妥。

理由：根据《招标投标法实施条例》，与招标人存在利害关系，可能影响招标公正性的法人、其他组织或者个人，不得参加投标。作为招标单位参股的公司不得成为投标人。

（2）不妥。

理由：以特定地区作为中标条件，属于不合理的条件限制、排斥潜在投标人或者投标人。

（3）不妥。

理由：依法必须招标的暂估价分包工程，承包人作为招标人，但拟定的招标文件、评标工作、评标结果应报送发包人批准。

（4）妥当。

（5）妥当。

（6）不妥。

理由：依法分包的工程，需要招标的，由招标人和投标人签订合同，本工程分包单位和总承包签订合同。

试题五

1.【解题思路】

本题主要考核的是关键线路的判断、总时差和自由时差的计算。

（1）时标网络计划中，关键线路可从网络计划的终点节点开始，逆着箭线方向进行判定。凡自始至终不出现波形线的线路即为关键线路。因为不出现波形线，就说明在这条线路上相邻两项工作之间的时间间隔全部为零，也就是在计算工期等于计划工期的前提下，这些工作的总时差和自由时差全部为零。

（2）工作总时差的判定：应从网络计划的终点节点开始，逆着箭线方向依次进行。

以终点节点为完成节点的工作，其总时差应等于计划工期与本工作最早完成时间之差，即：$TF_{i-n}=T_p-EF_{i-n}$。

其他工作的总时差等于其紧后工作的总时差加本工作与该紧后工作之间的时间间隔所得之和的最小值，即：$TF_{i-j}=\text{Min}\{TF_{j-k}+LAG_{i-j,j-k}\}$。

（3）工作自由时差的判定：

以终点节点为完成节点的工作，其自由时差应等于计划工期与本工作最早完成时间之差，即：$FF_{i-n}=T_p-EF_{i-n}$。

其他工作的自由时差就是该工作箭线中波形线的水平投影长度。但当工作之后只紧接虚工作时，则该工作箭线上一定不存在波形线，而其紧接的虚箭线中波形线水平投影长度的最短者为该工作的自由时差。

【参考答案】

图中所示施工总进度计划的关键线路：B→E→H→I→K→P。

工作 F 的总时差为 1 个月，自由时差为 0。

工作 M 的总时差为 4 个月，自由时差为 0。

2.【解题思路】

本题主要考核的是总监理工程师不得委托给总监理工程师代表的工作。属于重复性考核的知识点，考生要将《建设工程监理规范》GB/T 50319—2013 中第 3.2.1 条、第 3.2.2 条、第 3.2.3 条、第 3.2.4 条等规定牢牢掌握。这样在监理案例分析题考试中再对监理人员职责进行分析判断时，就可以轻松应对了。

【参考答案】

事件 1 中总监理工程师做法的不妥之处：总监理工程师指派总监理工程师代表调配进度控制监理人员。

理由：根据《建设工程监理规范》GB/T 50319—2013 中第 3.2.2 条规定，根据工程进展及监理工作情况调配监理人员属于总监理工程师不得委托给总监理工程师代表的工作之一。

3.【解题思路】

本题主要考核的是工程延期的判断和费用索赔的计算。

（1）工程延期的申报条件：

① 由于监理工程师发出的工程变更指令，由此导致工程量的增加。

② 由于合同所涉及任何可能造成工程延期的原因（包括图纸延期交付、工程暂停、对合格工程的剥离检查及不利的外界条件等）。

③ 异常恶劣的气候条件。

④ 由业主造成任何延误、干扰或障碍（包括未及时提供施工场地、未及时付款等）。

⑤ 除承包单位自身以外的其他任何原因。

（2）工程延期的审批：

① 监理工程师批准的工程延期必须符合合同条件。导致工期拖延的原因确实属于承包单位自身以外的，否则不能批准为工程延期。

② 影响工期：监理工程师应以承包单位提交的、经自己审核后的施工进度计划（不断调整后）为依据来决定是否批准工程延期。

③ 批准的工程延期必须符合实际情况。

（3）工程延期，承包单位不仅有权要求延长工期，而且还有权向业主提出赔偿费用的要求以弥补由此造成的额外损失。

【参考答案】

针对事件 2，项目监理机构应批准的工程延期为 0。

理由：工作 D 的总时差为 2 个月，工作暂停施工 1 个月，不影响总工期。

项目监理机构应批准的费用补偿：施工单位人员窝工损失＋施工机械台班闲置费＝8＋15＝23 万元。

理由：建设单位原因导致施工单位的施工人员窝工、施工机械闲置应予以费用补偿。

4.【解题思路】

本题主要考核的是前锋线比较法。前锋线比较法主要适用于时标网络计划。前锋线是指在原时标网络计划上，从检查时刻的时标点出发，用点画线依次将各项工作实际进展位置点连接而成的折线。

前锋线比较法是通过实际进度前锋线与原进度计划中各工作箭线交点的位置来判断工作实际进度与计划进度的偏差，进而判定该偏差对后续工作及总工期影响程度的一种方法。

在建设工程监理案例分析题考试中，对于前锋线比较法的考核，有时会在试题背景材料中给出时标网络计划及发生的有关事件，然后让考生绘制实际进度前锋线；有时会在试题背景材料中给出时标网络计划并绘制出前锋线及发生的有关事件，让考生预测进度偏差对后续工作及总工期的影响。因此考生需要掌握的是前锋线的绘制、进行实际进度与计划进度的比较、预测进度偏差对后续工作及总工期的影响等相关知识点。

【参考答案】

根据图中所示前锋线，工作 J 的实际进度拖后 1 个月。由于工作 J 的总时差为 1 个月，故对总工期无影响。

M 的实际进度超前 2 个月。由于工作 M 为非关键工作，故对总工期无影响。

5.【解题思路】

本题主要考核的是前锋线比较法、费用索赔。《建设工程施工合同（示范文本）》GF—2017—0201 规定：

17.3.2　不可抗力导致的人员伤亡、财产损失、费用增加和（或）工期延误等后果，由合同当事人按以下原则承担：

（1）永久工程、已运至施工现场的材料和工程设备的损坏，以及因工程损坏造成的第三人人员伤亡和财产损失由发包人承担；

（2）承包人施工设备的损坏由承包人承担；

（3）发包人和承包人承担各自人员伤亡和财产的损失；

（4）因不可抗力影响承包人履行合同约定的义务，已经引起或将引起工期延误的，应当顺延工期，由此导致承包人停工的费用损失由发包人和承包人合理分担，停工期间必须支付的工人工资由发包人承担；

（5）因不可抗力引起或将引起工期延误，发包人要求赶工的，由此增加的赶工费用由发包人承担；

（6）承包人在停工期间按照发包人要求照管、清理和修复工程的费用由发包人承担。不可抗力发生后，合同当事人均应采取措施尽量避免和减少损失的扩大，任何一方当事人没有采取有效措施导致损失扩大的，应对扩大的损失承担责任。

因合同一方迟延履行合同义务，在迟延履行期间遭遇不可抗力的，不免除其违约责任。

【参考答案】

事件 3 中，项目监理机构应批准的工程延期为 1 个月。

理由：第 15 个月末，实际进度前锋线所示，关键工作 H 推迟 1 个月，将会影响总工期 1 个月，其他工作延误时间均小于其总时差，对总工期不产生影响。

事件 3 中，项目监理机构应费用补偿为 0。

理由：强台风属于不可抗力，不可抗力期间的人员窝工、施工机械闲置、施工机械损坏均属于承包单位应当承担的责任，无需给予费用补偿。

试题六

1. 【解题思路】

本题主要考核的是工程质量保证金的计算、预付款的扣回。

(1) 工程质量保证金按合同中约定数额（常见为合同价款/签约合同价的3%～5%）扣留。

(2) 预付的工程款必须在合同中约定扣回方式，扣回方式有：

① 在承包人完成金额累计达到合同总价一定比例（双方合同约定）后，采用等比率或等额扣款的方式分期抵扣。

② 从未完施工工程尚需的主要材料及构件的价值相当于工程预付款数额时起扣，从每次中间结算工程价款中，按材料及构件比重抵扣工程预付款，至竣工之前全部扣清。

起扣点＝承包工程合同总额－工程预付款数额÷主要材料及构件所占比重

第一次扣还工程预付款数额公式：$a_1 = (\sum_{i=1}^{n} T_i - T) \times N$，式中：$a_1$ 为第一次扣还工程预付款数额；$\sum_{i=1}^{n} T_i$ 为累计已完工程价值。

第二次及以后各次扣还工程预付款数额公式：$a_i = T_i \times N$，式中：a_i 为第 i 次扣还工程预付款数额（$i > 1$）；T_i 为第 i 次扣还工程预付款时，当期结算的已完工程价值。

【参考答案】

该工程质量保证金＝30850×3%＝925.5万元

预付款＝30850×20%＝6170万元

预付款从开工后第5个月开始分10个月等额扣回，则第7个月应扣留的预付款＝6170÷10＝617万元/月

2. 【解题思路】

本题主要考核的是累计完成工程价款、工程质量保证金的计算。考生要注意根据题意进行作答，在答题时要注意计算的准确性。

【参考答案】

工程质量保证金扣留至足额时预计应完成的工程价款：

700＋1050＋1200＋1450＋1700＋1700＋1900＝9700万元，相应月份为第7个月。

前6个月预计累计扣留的质量保证金＝（700＋1050＋1200＋1450＋1700＋1700）×10%＝780万元

第7个月预计应扣留的工程质量保证金＝925.5－780＝145.5万元

3. 【解题思路】

本题主要考核的是综合单价的调整、合同价款增加额的计算。

《建设工程工程量清单计价规范》GB 50500—2013规定：

9.3.1 因工程变更引起已标价工程量清单项目或其工程数量发生变化时，应按照下列规定调整：

(1) 已标价工程量清单中有适用于变更工程项目的，应采用该项目的单价；但当工程变更导致该清单项目的工程数量发生变化，且工程量偏差超过15%时，该项目单价应按照

本规范第9.6.2条的规定调整。

（2）已标价工程量清单中没有适用但有类似于变更工程项目的，可在合理范围内参照类似项目的单价。

（3）已标价工程量清单中没有适用也没有类似于变更工程项目的，应由承包人根据变更工程资料、计量规则和计价办法、工程造价管理机构发布的信息价格和承包人报价浮动率提出变更工程项目的价，并应报发包人确认后调整。承包人报价浮动率可按下列公式计算：

招标工程：承包人报价浮动率 $L=(1-$ 中标价/招标控制价$)\times100\%$

非招标工程：承包人报价浮动率 $L=(1-$ 报价/施工图预算$)\times100\%$

（4）已标价工程量清单中没有适用也没有类似于变更工程项目，且工程造价管理机构发布的信息价格缺价的，应由承包人根据变更工程资料、计量规则、计价办法和通过市场调查等取得有合法依据的市场价格提出变更工程项目的单价，并应报发包人确认后调整。

9.6.2 对于任一招标工程量清单项目，当因本节规定的工程量偏差和第9.3节规定的工程变更等原因导致工程量偏差超过15%时，可进行调整。当工程量增加15%以上时，增加部分的工程量的综合单价应予调低；当工程量减少15%以上时，减少后剩余部分的工程量的综合单价应予调高。

9.6.3 当工程量出现本规范第9.6.2条的变化，且该变化引起相关措施项目相应发生变化时，按系数或单一总价方式计价的，工程量增加的措施项目费调增，工程量减少的措施项目费调减。

关于本题的计算，考生要仔细审题，结合相关规定及试题背景材料中告知的数据进行计算，要注意计算的准确性。

【参考答案】

（1）事件1中，综合单价应进行调整。

理由：$(1670-1320)\div1320\times100\%=26.52\%>15\%$，因此，应当对综合单价进行调整。

（2）项目监理机构应批准的合同价款增加额 $=[1670-1320\times(1+15\%)]\times378\div10000\times0.9+1320\times(1+15\%)\times378\div10000-1320\times378\div10000=12.66$ 万元

4.【解题思路】

本题主要考核的是暂估价工程应增加的合同价款的计算。《建设工程工程量清单计价规范》GB 50500—2013规定：

9.9.4 发包人在招标工程量清单中给定暂估价的专业工程，依法必须招标的，应当由发承包双方依法组织招标选择专业分包人，接受有管辖权的建设工程招标投标管理机构的监督，还应符合下列要求：

（1）除合同另有约定外，承包人不参加投标的专业工程发包招标，应由承包人作为招标人，但拟定的招标文件、评标工作、评标结果应报送发包人批准。与组织招标工作有关的费用应当被认为已经包括在承包人的签约合同价（投标总报价）中。

（2）承包人参加投标的专业工程发包招标，应由发包人作为招标人，与组织招标工作有关的费用由发包人承担。同等条件下，应优先选择承包人中标。

（3）应以专业工程发包中标价为依据取代专业工程暂估价，调整合同价款。

【参考答案】

针对事件2，暂估价工程应增加的合同价款 $=357-300=57$ 万元理由：根据《建设工程工程量清单计价规范》GB 50500—2013 规定，承包人参加投标的专业工程发包招标，应由发包人作为招标人，与组织招标工作有关的费用由发包人承担。承包人不能要求建设单位另外增加招标采购费用 3 万元。

5. 【解题思路】

本题主要考核的是进度款的计算。发承包双方应按照合同约定的时间、程序和方法，根据工程计量结果，办理期中价款结算，支付进度款。按照财政部、建设部印发的《建设工程价款结算暂行办法》（财建 [2004] 369 号）的规定：

（1）按月结算与支付。即实行按月支付进度款，竣工后结算的办法。合同工期在两个年度以上的工程，在年终进行工程盘点，办理年度结算。

（2）分段结算与支付。即当年开工、当年不能竣工的工程按照工程形象进度，划分不同阶段，支付工程进度款。

《建设工程工程量清单计价规范》GB 50500—2013 第 10.3.7 条规定，进度款的支付比例按照合同约定，按期中结算价款总额计，不低于 60％，不高于 90％。

解答本题的关键在于对题目的仔细分析，在计算第 3 个月、第 5 个月、第 7 个月、第 15 个月实际支付工程进度款的计算中，试题背景材料中告知的数据都是有用的，考生要充分利用这些数据，注意这些前后问题的连贯性，作答出此题不难，另外还注意计算的准确性。

【参考答案】

项目监理机构在第 3 个月实际应支付的工程进度款＝1200×（1－10％）＝1080 万元

项目监理机构在第 5 个月实际应支付的工程进度款＝（1700＋12.66）×（1－10％）－617＝924.39 万元

项目监理机构在第 7 个月实际应支付的工程进度款＝1900＋57－145.5－617＝1194.5 万元

项目监理机构在第 15 个月实际应支付的工程进度款＝2100 万元

2017 年度全国监理工程师资格考试试卷

本试卷均为案例分析题（共 6 题，每题 20 分），要求分析合理、结论正确；有计算要求的，应简要写出计算过程。

试 题 一

某工程，实施过程中发生如下事件：

事件 1：监理合同签订后，监理单位按照下列步骤组建项目监理机构：①确定项目监理机构目标；②确定监理工作内容；③制定监理工作流程和信息流程；④进行项目监理机构组织设计，根据项目特点，决定采用矩阵制组织形式组建项目监理机构。

事件 2：总监理工程师对项目监理机构的部分工作安排如下：

（1）造价控制组：①研究制定预防索赔措施；②审查确认分包单位资格；③审查施工组织设计与施工方案。

（2）质量控制组：④检查成品保护措施；⑤审查分包单位资格；⑥审批工程延期。

事件 3：为有效控制建设工程质量、进度、投资目标，项目监理机构拟采取下列措施开展工作：

（1）明确施工单位及材料设备供应单位的权利和义务；

（2）拟定合理的承发包模式和合同计价方式；

（3）建立健全实施动态控制的监理工作制度；

（4）审查施工组织设计；

（5）对工程变更进行技术经济分析；

（6）编制资金使用计划；

（7）采用工程网络计划技术实施动态控制；

（8）明确各级监理人员职责分工；

（9）优化建设工程目标控制工作流程；

（10）加强各单位（部门）之间的沟通协作。

事件 4：采用新技术的某专业分包工程开始施工后，专业监理工程师编制了相应的监理实施细则，总监理工程师审查了其中的监理工作方法和措施等主要内容。

问题：

1. 指出事件 1 中项目监理机构组建步骤的不妥之处和采用矩阵制组织形式的优点。

2. 逐项指出事件 2 中总监理工程师对造价控制组和质量控制组的工作安排是否妥当。

3. 逐项指出事件 3 中各项措施分别属于组织措施、技术措施、经济措施和管理措施中的哪一项。

4. 指出事件 4 中专业监理工程师做法的不妥之处，总监理工程师还应审查监理实施细则中的哪些内容。

试 题 二

某工程，参照定额工期确定的合理工期为1年，建设单位与施工单位按此签订施工合同，工程实施过程中发生如下事件：

事件1：建设单位提出如下要求：①总监理工程师代表负责增加和调配监理人员；②施工单位将本月工程款支付申请直接报送建设单位，建设单位审核后拨付工程款；③项目监理机构增加平行检验项目。

事件2：在基础工程施工中，项目监理机构发现有部分构件出现较大裂缝，为此总监理工程师签发《工程暂停令》，经检测及设计验算，需进行加固补强，施工单位向项目监理机构报送了质量事故调查报告和加固补强方案。项目监理机构按工作程序进行处置后，签发《工程复工令》。

事件3：为使工程提前完工投入使用，建设单位要求施工单位提前3个月竣工。于是，施工单位在主体结构施工中未执行原施工方案，提前拆除混凝土结构模板。专业监理工程师为此发出《监理通知单》，要求施工单位整改。施工单位以工期紧、气温高和混凝土能达到拆模强度为由回复。专业监理工程师不再坚持整改要求，因气温骤降，导致施工单位在拆除第五层结构模板时混凝土强度不足，发生了结构坍塌安全事故，造成2人死亡、9人重伤和1100万元的直接经济损失。

问题：

1. 指出事件1中建设单位所提出要求的不妥之处，写出正确做法。

2. 针对事件2，写出项目监理机构在签发《工程复工令》之前需要进行的工作程序。

3. 针对事件3，分别从死亡人数、重伤人数和直接经济损失三方面分析事故等级，综合判断该事故的最终等级。

4. 针对事件3的安全事故，分别指出建设单位、监理单位、施工单位是否有责任，说明理由。

试 题 三

某工程，实施过程中发生如下事件：

事件1：施工单位完成下列施工准备工作后即向项目监理机构申请开工：①现场质量、安全生产管理体系已建立；②管理及施工人员已到位；③施工机具已具备使用条件；④主要工程材料已落实；⑤水、电、通信等已满足开工要求。项目监理机构认为上述开工条件不够完备。

事件2：项目监理机构审查了施工单位报送的试验室资料，内容包括：试验室资质等级、试验人员资格证书。

事件3：项目监理机构审查施工单位报送的施工组织设计后认为：①安全技术措施符合工程建设强制性标准；②资金、劳动力、材料、设备等资源供应计划满足工程施工需要；③施工总平面布置科学合理，同时要求施工单位补充完善相关内容。

事件4：施工过程中，建设单位采购的一批材料运抵现场，施工单位组织清点和检验并向项目监理机构报送材料合格证后即开始用于工程。项目监理机构随即发出《监理通知单》，要求施工单位停止该批材料的使用，并补报质量证明文件。

事件5：施工单位按照合同约定将钢结构屋架吊装工程分包给具有相应资质和业绩的专业施工单位。分包单位将由其项目经理签字认可的专项施工方案直接报送项目监理机构，专业监理工程师审核后批准了该专项施工方案。

问题：

1. 针对事件1，施工单位申请开工还应具备哪些条件？

2. 针对事件2，项目监理机构对试验室的审查还应包括哪些内容？

3. 针对事件3，项目监理机构对施工组织设计的审查还应包括哪些内容？

4. 针对事件4，施工单位还应补报哪些质量证明文件？

5. 分别指出事件5中分包单位和专业监理工程师做法的不妥之处，写出正确做法。

试 题 四

某依法必须招标的工程，建设单位采用公开招标方式选择监理单位承担施工监理任务，工程施工过程中发生如下事件：

事件1：编制监理招标文件时，建设单位提出投标人除应具备规定的工程监理资质条件外，还必须满足下列条件：

（1）具有工程招标代理资质；

（2）不得组成联合体投标；

（3）已在工程所在地行政辖区内进行工商注册登记；

（4）属于混合股份制企业。

事件2：经评审，评标委员会推荐了3名中标候选人，并进行了排序。建设单位在收到评标报告5日后公示了中标候选人，同时，与中标候选人协商，要求重新报价。中标候选人拒绝了建设单位的要求。

事件3：中标监理单位与建设单位按照《建设工程监理合同（示范文本）》签订了监理合同，合同履行过程中，合同双方就以下四项工作是否可作为附加工作进行了协商：①工程建设过程中外部关系协调；②施工起重机械安全性检测；③施工合同争议处理；④竣工结算审查。

事件4：管道工程隐蔽后，项目监理机构对施工质量提出质疑，要求进行剥离复验。施工单位以该隐蔽工程已通过项目监理机构检验为由拒绝复验。项目监理机构坚持要求施工单位进行剥离复验，经复验该隐蔽工程质量合格。

问题：

1. 逐条指出事件1中建设单位针对投标人提出的条件是否妥当，说明理由。

2. 指出事件2中建设单位做法的不妥之处，说明理由。

3. 分别指出事件3中四项工作是否可作为附加工作？说明理由。

4. 针对事件4，施工单位、项目监理机构的做法是否妥当？说明理由。该隐蔽工程剥离所发生的费用由谁承担？

试 题 五

某工程，建设单位与施工单位按照《建设工程施工合同（示范文本）》签订了施工合同，经项目监理机构批准的施工总进度计划如下图所示（时间单位：月），各项工作均按最早开始时间安排且匀速施工。

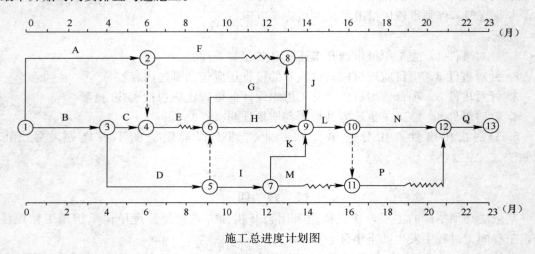

施工总进度计划图

施工过程中发生如下事件：

事件1：工作A为基础工程，施工中发现未探明的地下障碍物，处理障碍物导致工作A暂停施工0.5个月，施工单位机械闲置损失12万元，施工单位向项目监理机构提出工程延期和费用补偿申请。

事件2：由于建设单位订购的工程设备未按照合同约定时间进场，使工作J推迟2个月开始，造成施工人员窝工损失6万元，施工单位向项目监理机构提出索赔，要求工期延期2个月，补偿费用6万元。

事件3：事件2发生后，建设单位要求工程仍按原计划工期完工，为此，施工单位决定采取赶工措施，经确认，相关工作赶工费率及可缩短时间见下表。

工作赶工费率及可缩短时间

工作名称	L	N	P	Q
赶工费率（万元/月）	20	10	8	22
可缩短时间（月）	1	1.5	1	0.5

问题：

1. 指出图中所示施工总进度计划的关键线路及工作E、M的总时差和自由时差。

2. 针对事件1，项目监理机构应批准工程延期和费用补偿各为多少？说明理由。

3. 针对事件2，项目监理机构应批准工程延期和费用补偿各为多少？说明理由。

4. 针对事件3，为使赶工费用最少，应选哪几项工作进行压缩？说明理由。需要增加赶工费多少万元？

试　题　六

某工程，签约合同价为25000万元，其中暂列金额为3800万元，合同工期24个月，预付款比例为签约合同价（扣除暂列金额）的20%，自施工单位实际完成产值达4000万元后的次月开始分 5 个月等额扣回。工程进度款按月结算，项目监理机构按施工单位每月应得进度款的 90% 签认，企业管理费率 12%（以人工费、材料费、施工机具使用费之和为基数），利润率 7%（以人工费、材料费、施工机具使用费和管理费之和为基数），措施费按分项工程费的 5% 计，规费综合费率 8%（以分部分项工程费、措施费和其他项目费之和为基数），综合税率 3%（以分部分项工程费、措施费、其他项目费、规费之和为基数）。

施工单位在前 8 个月的计划完成产值见下表。

施工单位计划完成产值

时间（月）	1	2	3	4	5	6	7	8
计划完成产值（万元）	350	400	650	800	900	1000	1200	900

工程实施过程中发生如下事件：

事件 1：基础工程施工中，由于相邻单位工程施工的影响，造成基坑局部坍塌，已完成的工程损失 40 万元，工棚等临时设施损失 3.5 万元，工程停工 5d。施工单位按程序提出索赔申请，要求补偿费用 43.5 万元、工程延期 5d。建设单位同意补偿工程实体损失 40 万元，工期不予顺延。

事件 2：工程在第 4 月按计划完成后，施工至第 5 个月，建设单位要求施工单位搭设慰问演出舞台，项目监理机构确认该计日工项目消耗人工 80 工日（人工综合单价 75 元/工日）；消耗材料 150m²（材料综合单价 100 元/m²）。

事件 3：工程施工至第 6 个月，建设单位提出设计变更，经确认，该变更导致施工单位增加人工费、材料费、施工机具使用费共计 18.5 万元。

事件 4：工程施工至第 7 个月，专业监理工程师发现混凝土工程出现质量事故，施工单位于次月返工处理合格，该返工部位对应的分部分项工程费为 28 万元。

事件 5：工程施工至第 8 个月，发生不可抗力事件，确认的损失有：

（1）在建永久工程损失 20 万元；

（2）进场待安装的设备损失 3.2 万元；

（3）施工机具闲置损失 8 万元；

（4）工程清理花费 5 万元。

问题：

1. 本工程预付款是多少万元？按计划完成产值考虑，预付款应在开工后第几个月起扣？

2. 针对事件 1，指出建设单位做法的不妥之处，写出正确做法。

3. 针对事件 2~事件 4，若施工单位各月均按计划完成施工产值，项目监理机构在第 4~7 个月应签认的进度款各是多少万元？

4. 针对事件 5，逐项指出各项损失的承担方式（不考虑工程保险），建设单位应承担的损失是多少万元？（计算结果保留 2 位小数）

2017 年度全国监理工程师资格考试试卷参考答案及解析

试题一

1.【解题思路】

本题主要考核的是项目监理机构的组建步骤和矩阵制组织形式的特点。

（1）工程监理单位在组建项目监理机构时，一般按以下步骤进行：确定项目监理机构目标；确定监理工作内容；项目监理机构组织结构设计；制定工作流程和信息流程。

（2）矩阵制组织形式的优点是加强了各职能部门的横向联系，具有较大的机动性和适应性，将上下左右集权与分权实行最优结合，有利于解决复杂问题，有利于监理人员业务能力的培养。缺点是纵横向协调工作量大，处理不当会造成扯皮现象，产生矛盾。

【参考答案】

（1）事件1中项目监理机构组建步骤的不妥之处是步骤③和步骤④顺序颠倒，正确的步骤是①②④③。

（2）矩阵制组织形式的优点是加强了各职能部门的横向联系，具有较大的机动性和适应性，将上下左右集权与分权实行最优结合，有利于解决复杂问题，有利于监理人员业务能力的培养。

2.【解题思路】

本题主要考核的是建设工程目标控制内容。

（1）监理单位在施工阶段的质量控制内容：协助建设单位做好施工现场准备工作，为施工单位提交合格的施工现场；审查确认施工总包单位及分包单位资格；检查工程材料、构配件、设备质量；检查施工机械和机具质量；审查施工组织设计和施工方案；检查施工单位的现场质量管理体系和管理环境；控制施工工艺过程质量；验收分部分项工程和隐蔽工程；处置工程质量问题、质量缺陷；协助处理工程质量事故；审核工程竣工图，组织工程预验收；参加工程竣工验收等。

（2）监理单位在施工阶段的造价控制内容：协助建设单位制定施工阶段资金使用计划，严格进行工程计量和付款控制，做到不多付、不少付、不重复付；严格控制工程变更，力求减少工程变更费用；研究确定预防费用索赔的措施，以避免、减少施工索赔；及时处理施工索赔，并协助建设单位进行反索赔；协助建设单位按期提交合格施工现场，保质、保量、适时、适地提供由建设单位负责提供的工程材料和设备；审核施工单位提交的工程结算文件等。

（3）监理单位在施工阶段的进度控制内容：完善建设工程控制性进度计划；审查施工单位提交的施工进度计划；协助建设单位编制和实施由建设单位负责供应的材料和设备供应进度计划；组织进度协调会议，协调有关各方关系；跟踪检查实际施工进度；研究制定预防工期索赔的措施，做好工程延期审批工作等。

【参考答案】

（1）总监理工程师对造价控制组的安排不妥当，审查确认分包单位资格和审查施工组织设计与施工方案均属于质量控制组工作。

（2）总监理工程师对质量控制组的安排不妥当，审批工程延期属于进度控制组工作。

3.【解题思路】

本题主要考核的是建设工程三大目标控制措施。

建设工程三大目标控制措施包括组织措施、技术措施、经济措施、合同措施等。

（1）组织措施包括：建立健全实施动态控制的组织机构、规章制度和人员，明确各级目标控制人员的任务和职责分工，改善建设工程目标控制的工作流程；建立建设工程目标控制工作考评机制，加强各单位（部门）之间的沟通协作；加强动态控制过程中的激励措施，调动和发挥员工实现建设工程目标的积极性和创造性等。

（2）技术措施包括：对多个可能的建设方案、施工方案等进行技术可行性分析，对各种技术数据进行审核、比较，对施工组织设计、施工方案等进行审查、论证，在整个建设工程实施过程中采用工程网络计划技术、信息化技术等实施动态控制。

（3）经济措施包括：审核工程量、工程款支付申请及工程结算报告，编制和实施资金使用计划，对工程变更方案进行技术经济分析，通过投资偏差分析和未完工程投资预测，发现一些可能引起未完工程投资增加的潜在问题，从而主动控制，有效预防。

（4）合同措施包括：选择合理的承发包模式和合同计价方式，选定满意的施工单位及材料设备供应单位，拟订完善的合同条款，并动态跟踪合同执行情况及处理好工程索赔等。

【参考答案】

组织措施：（1）、（3）、（8）、（9）、（10）。

技术措施：（4）、（7）。

经济措施：（5）、（6）。

合同措施：（2）。

4.【解题思路】

本题主要考核的是监理实施细则的编制和报审程序以及监理实施细则审核的内容。

（1）《建设工程监理规范》GB/T 50319—2013规定，监理实施细则可随工程进展编制，但必须在相应工程施工前完成，并经总监理工程师审批后实施。

（2）监理实施细则审核的内容主要包括：编制依据、内容的审核；项目监理人员的审核；监理工作流程、监理工作要点的审核；监理工作方法和措施的审核；监理工作制度的审核。

【参考答案】

（1）专业监理工程师做法的不妥之处是在工程开始施工后才编制监理实施细则。

（2）总监理工程师还应审查监理实施细则的如下几个方面：①编制依据、内容的审核；②项目监理人员的审核；③监理工作流程、监理工作要点的审核；④监理工作制度的审核。

试题二

1.【解题思路】

本题主要考核的是监理人员的职责、工程款支付审批程序和项目监理的主要方式。

（1）监理人员的职责：

① 总监理工程师职责：确定项目监理机构人员及其岗位职责；组织编制监理规划，审批监理实施细则；根据工程进展及监理工作情况调配监理人员，检查监理人员工作；组织召开监理例会；组织审核分包单位资格；组织审查施工组织设计、（专项）施工方案；审查开复工报审表，签发工程开工令、暂行令和复工令；组织检查施工单位现场质量、安全生产管理体系的建立及运行情况；组织审核施工单位的付款申请，签发工程款支付证书，组织审核竣工结算；组织审查和处理工程变更；调解建设单位与施工单位的合同争议，处理工程索赔；组织验收分部工程，组织审查单位工程质量检验资料；审查施工单位的竣工申请，组织工程竣工预验收，组织编写《工程质量评估报告》，参与工程竣工验收；参与或配合工程质量安全事故的调查和处理；组织编写监理月报、监理工作总结，组织质

量监理文件资料。

②总监理工程师代表职责：按总监理工程师的授权，负责总监理工程师指定或交办的监理工作，行使总监理工程师的部分职责和权力，但不得插手以下工作：组织编制监理规划，审批监理实施细则；根据工程进展及监理工作情况调配监理人员；组织审查施工组织设计、（专项）施工方案；签发工程开工令、暂停令和复工令；签发工程款支付证书，组织审核竣工结算；调解建设单位与施工单位的合同争议，处理工程索赔；审查施工单位的竣工申请，组织工程竣工预验收，组织编写《工程质量评估报告》，参与工程竣工验收；参与或配合工程质量安全事故的调查和处理。

③专业监理工程师职责：参与编制监理规划，负责编制监理实施细则；审查施工单位提交的涉及本专业的报审文件，并向总监理工程师报告；参与审核分包单位资格；指导、检查监理员工作，定期向总监理工程师报告本专业监理工作实施情况；检查进场的工程材料、构配件、设备的质量；验收检验批、隐蔽工程、分项工程，参与验收分部工程；处置发现的质量问题和安全事故隐患；进行工程计量；参与工程变更的审查和处理；组织编写监理日志，参与编写监理月报；收集、汇总、参与整理监理文件资料；参与工程竣工预验收和竣工验收。

④监理员职责：检查施工单位投入工程的人力、主要设备的使用及运行状况；进行见证取样；复核工程计量有关数据；检查工序施工结果；发现施工作业中的问题，及时指出并向专业监理工程师报告。

（2）工程款支付审批程序：承包人在每个付款周期末，向监理人提交进度付款申请单，并附相应的支持性证明文件。监理人在收到承包人进度付款申请单以及相应的支持性证明文件后的14d内完成核查，提交发包人到期应支付给承包人的金额以及相应的支持性材料。经发包人审查同意后，由监理人向承包人出具经发包人签认的进度付款证书。发包人在监理人收到进度付款申请单后的28d内，将进度应付款支付给承包人。

（3）建设工程监理的主要方式包括：巡视、平行检验、旁站、见证取样。

【参考答案】

（1）不妥之处：总监理工程师代表负责增加和调配监理人员。

正确做法：总监理工程师负责增加和调配监理人员。

（2）不妥之处：施工单位将本月工程款支付申请直接报送建设单位，建设单位审核后拨付工程款。

正确做法：承包人在每个付款周期末，向监理人提交进度付款申请单，并附相应的支持性证明文件。监理人在收到承包人进度付款申请单以及相应的支持性证明文件后的14d内完成核查，提交发包人到期应支付给承包人的金额以及相应的支持性材料。经发包人审查同意后，由监理人向承包人出具经发包人签认的进度付款证书。发包人在监理人收到进度付款申请单后的28d内，将进度应付款支付给承包人。

2.【解题思路】

本题考核的是《工程复工令》的签发。

因施工单位原因引起工程暂停的，施工单位在复工前应向项目监理机构提交《工程复工报审表》申请复工。对需要返工处理或加固补强的质量事故，项目监理机构应要求施工单位报送质量事故调查报告和经设计等相关单位认可的处理方案，在收到施工单位报送的

《工程复工报审表》及有关材料后，应对施工单位的整改过程、结果进行检查、验收，符合要求的，总监理工程师应及时签署审批意见，并报建设单位批准后签发《工程复工令》，施工单位接到《工程复工令》后组织复工。

【参考答案】

项目监理机构在签发《工程复工令》之前需要进行的工作程序：①要求施工单位报送质量事故调查报告和经设计等相关单位认可的处理方案。②在收到施工单位报送的《工程复工报审表》及有关材料后，应对施工单位的整改过程、结果进行检查、验收。③如果施工单位的整改过程、结果经验收符合要求，总监理工程师应及时签署审批意见，并报建设单位批准。

3.【解题思路】

本题主要考核的是工程质量事故等级的划分。

根据工程质量事故造成的人员伤亡或者直接经济损失，工程质量事故分为 4 个等级：

（1）特别重大事故：死亡人数≥30 人，或者重伤人数≥100 人，或者直接经济损失≥1 亿元；

（2）重大事故：10 人≤死亡人数＜30 人，或者 50 人≤重伤人数＜100 人，或者 5000 万元≤直接经济损失＜1 亿元；

（3）较大事故：3 人≤死亡人数＜10 人，或者 10 人≤重伤人数＜50 人，或者 1000 万元≤直接经济损失＜5000 万元；

（4）一般事故：死亡人数＜3 人，或者重伤人数＜10 人，或者 100 万元≤直接经济损失＜1000 万元。

【参考答案】

事件 3 中，2 人死亡属于一般事故；9 人重伤属于一般事故；1100 万元的直接经济损失属于较大事故。因此该事故的最终等级为较大事故。

4.【解题思路】

本题考核的是工程参建各方中建设单位、监理单位和施工单位的责任。

（1）建设单位的质量责任：对建设工程项目的勘察、设计、施工、监理以及工程建设有关重要设备材料等的采购，均实行招标，依法确定程序和方法，择优选定中标者；不得任意压缩合理工期；不得明示或暗示设计单位或施工单位违反建设强制性标准，降低建设工程质量；根据工程特点，配备相应的质量管理人员；负责办理有关施工图设计文件审查、工程施工许可证和工程质量监督手续，组织设计和施工单位进行设计交底；组织设计、施工、工程监理等有关单位进行竣工验收；按合同的约定负责采购供应的建筑材料、建筑构配件和设备，对发生的质量问题，应承担相应的责任；等等。

（2）监理单位的质量责任：①监理单位故意弄虚作假，降低工程质量标准，造成质量事故的，或者与承包单位串通，谋取非法利益，给建设单位造成损失的，应承担违法责任。②监理单位在责任期内，不按照监理合同约定履行监理职责，给建设单位或其他单位造成损失的，应承担违约责任。

（3）施工单位的质量责任：对所承包的工程项目的施工质量负责；按照工程设计图纸和施工技术规范标准组织施工，未经设计单位同意，不得擅自修改工程设计；在施工中，不得偷工减料，不使用不符合设计和强制性技术标准要求的产品，不使用未经检验和试验或检验和试验不合格的产品。

【参考答案】

（1）建设单位有责任。

理由：发包人应当依据相关工程的工期定额合理计算工期，压缩的工期天数不得超过定额工期的20%。该工程依据定额工期确定的合理工期为1年，建设单位要求施工单位提前3个月竣工，超过20%，不合理。

（2）监理单位有责任。

理由：监理单位发现工程安全隐患要求施工单位整改，这是监理单位的分内职责，施工单位拒不整改的，监理工程师可以向建设单位和有关主管部门报告。在责任期内，监理工程师不按照监理合同约定履行监理职责，给建设单位或其他单位造成损失的，应承担违约责任。

（3）施工单位有责任。

理由：施工单位应修订进度计划及为保证工程质量和安全采取的赶工措施，而不是违反施工技术规范标准组织施工。

试题三

1. 【解题思路】

本题主要考核的是施工质量控制的工作程序。

工程开工前，总监理工程师应组织专业监理工程师审查施工单位报送的《工程开工报审表》及相关资料。项目同时具备：①设计交底和图纸会审已完成；②施工组织设计已经由总监理工程师签认；③施工单位现场质量、安全生产管理体系已建立，管理及施工人员已到位，施工机械具备使用条件，主要工程材料已落实；④进场道路及水电通信等已满足开工要求。

【参考答案】

施工单位申请开工还应具备的条件：①设计交底和图纸会审已完成；②施工组织设计已经总监理工程师签认；③进场道路已满足开工要求。

2. 【解题思路】

本题主要考核的是施工试验室审查的内容。

试验室的审查应包括下列内容：①试验室的资质等级及试验范围；②法定计量部门对试验设备出具的计量检定证明；③试验室管理制度；④试验人员资格证书。

【参考答案】

项目监理机构对试验室的审查还应包括：①试验室的试验范围；②法定计量部门对试验设备出具的计量检定证明；③试验室管理制度。

3. 【解题思路】

本题主要考核的是施工组织设计审查的内容。

施工组织设计审查的基本内容包括：①编审程序应符合相关规定；②施工进度、施工方案及工程质量保证措施应符合施工合同要求；③资金、劳动力、材料、设备等资源供应计划应满足工程施工需要；④安全技术措施应符合工程建设强制性标准；⑤施工总平面布置应科学合理。

【参考答案】

项目监理机构对施工组织设计的审查还应包括：①编审程序是否符合相关规定；②施

工进度、施工方案及工程质量保证措施是否符合施工合同要求。

4.【解题思路】

本题主要考核的是工程材料的质量证明文件。

用于工程的材料、构配件、设备的质量证明文件包括出厂合格证、质量检验报告、性能检测报告以及施工单位的质量抽检报告等。

【参考答案】

施工单位还应补报的质量证明文件包括：质量检验报告、性能检测报告以及施工单位的质量抽检报告等。

5.【解题思路】

本题主要考核的是专项施工方案的审查。

（1）项目监理机构应审查施工单位报审的专项施工方案，符合要求的，应由总监理工程师签认后报建设单位。超过一定规模的危险性较大的分部分项工程的专项施工方案，应检查施工单位组织专家进行论证、审查的情况，以及是否附具安全验算结果。

（2）专项施工方案审查的基本内容包括：①编审程序应符合相关规定。专项施工方案由施工项目经理组织编制，经施工单位技术负责人签字后，才能报送项目监理机构审查。②安全技术措施应符合工程建设强制性标准。

【参考答案】

（1）分包单位的不妥之处：分包单位将由其项目经理签字认可的专项施工方案直接报送项目监理机构。

正确做法：分包单位的专项施工方案应由分包单位项目经理编制、技术负责人签字后，交给总包单位，经总包单位技术负责人审查、签字后，由总包单位提交项目监理机构审核。

（2）专业监理工程师的不妥之处：专业监理工程师审核并批准了分包单位提交的专项施工方案。

正确做法：在总监理工程师的组织下，专业监理工程师应审查总包单位的专项施工方案，并将审查意见提交给总监理工程师。

试题四

1.【解题思路】

本题主要考核的是有关招标人提出的不合理条件的法律法规。

根据《招标投标法实施条例》的规定，招标人应当在资格预审公告、招标公告或者投标邀请书中载明是否接受联合体投标。招标人不得以不合理的条件限制、排斥潜在投标人或者投标人。招标人有下列行为之一的，属于以不合理条件限制、排斥潜在投标人或者投标人：①就同一招标项目向潜在投标人或者投标人提供有差别的项目信息；②设定的资格、技术、商务条件与招标项目的具体特点和实际需要不相适应或者与合同履行无关；③依法必须进行招标的项目以特定行政区域或者特定行业的业绩、奖项作为加分条件或者中标条件；④对潜在投标人或者投标人采取不同的资格审查或者评标标准；⑤限定或者指定特定的专利、商标、品牌、原产地或者供应商；⑥依法必须进行招标的项目非法限定潜在投标人或者投标人的所有制形式或者组织形式；⑦以其他不合理条件限制、排斥潜在投标人或者投标人。

【参考答案】

（1）具有工程招标代理资质的要求，不妥当。

理由：招标人不得以投标人是否具有工程招标代理资质的要求排斥潜在投标人。

（2）不得组成联合体投标的要求，妥当。

理由：招标人有权拒绝联合体投标，可以在资格预审公告、招标公告或者投标邀请书中载明是否接受联合体投标。

（3）投标人在工程所在地行政辖区内进行了工商注册登记的要求，不妥当。

理由：招标人不得以地区限制、排斥潜在投标人。

（4）投标人属于混合股份制企业的要求，不妥当。

理由：招标人不得非法限定潜在投标人或者投标人的所有制形式或者组织形式。

2.【解题思路】

本题主要考核的是有关开标、评标和中标。

根据《招标投标法实施条例》的规定，依法必须进行招标的项目，招标人应当自收到评标报告之日起3日内公示中标候选人，公示期不得少于3日。招标人和中标人应当依照《招标投标法》和《招标投标法实施条例》的规定签订书面合同，合同的标的、价款、质量、履行期限等主要条款应当与招标文件和中标人的投标文件的内容一致。招标人和中标人不得再行订立背离合同实质性内容的其他协议。

【参考答案】

（1）不妥之处一：建设单位在收到评标报告5日后公示了中标候选人。

理由：依法必须进行招标的项目，招标人应当自收到评标报告之日起3日内公示中标候选人，公示期不得少于3日。

（2）不妥之处二：建设单位与中标候选人协商，要求重新报价。

理由：招标人和中标人应当依照《招标投标法》和《招标投标法实施条例》的规定签订书面合同，合同的标的、价款、质量、履行期限等主要条款应当与招标文件和中标人的投标文件的内容一致。招标人和中标人不得再行订立背离合同实质性内容的其他协议。

3.【解题思路】

本题主要考核的是监理单位的工作范围、附加工作。附加工作分为延长监理或相关服务时间、增加服务工作内容两类。增加的监理工作内容、工作时间应视为附加工作。

因此监理单位的工作范围包括施工合同争议处理和竣工结算审查，不包括工程建设过程中外部关系协调、施工起重机械安全性检测。

【参考答案】

（1）③不可以作为附加工作。

理由：④都是监理单位的工作范围。

（2）①②可以作为附加工作。

理由：①是属于建设单位的工作，属于监理工作范围之外的工作可以作为附加工作；②是施工单位的工作，监理单位参与验收，但不承担施工起重机械安全性检测。

4.【解题思路】

本题主要考核的是隐蔽工程的重新检验。

监理人对已覆盖的隐蔽工程部位质量有疑问时，可要求承包人对已覆盖的部位进行钻孔探测或揭开重新检验，承包人应遵照执行，并在检验后重新覆盖恢复原状。经检验证明工程质量符合合同要求，由发包人承担由此增加的费用和（或）工期延误，并支付承包人合理利润；经检验证明工程质量不符合合同要求，由此增加的费用和（或）工期延误由承包人承担。

【参考答案】

（1）施工单位拒绝复验不妥当，监理机构做法妥当。

理由：监理人对已覆盖的隐蔽工程部位质量有疑问时，可要求承包人对已覆盖部位进行钻孔探测或揭开重新检验，承包人应遵照执行，并在检验后重新覆盖恢复原状。

（2）该隐蔽工程经检验证明工程质量符合合同要求，因此，由发包人承担由此增加的费用和（或）工期延误，并支付承包人合理利润。

试题五

1.【解题思路】

本题考核的是双代号时标网络计划图中关键线路的确定和时差的计算。

（1）关键线路的确定：从时标网络计划的终点节点开始，逆着箭线方向依次找出自始至终不出现波形线的线路，该线路即为关键线路。

（2）任一工作总时差的判定：任一工作的总时差是指在不影响总工期的前提下，该工作可以利用的机动时间。总工期即关键线路的长度，为了保证不影响总工期，工作的总时差就只能是经过该工作的所有线路与关键线路长度的最小差值，即包含该工作的最长线路中波形线的水平投影长度。由于关键线路是所有线路中最长的，包含任一工作的最长线路也就是所有包含该工作的线路中与关键线路重合部分最多的那条线路，换句话说，只要将任一工作以最短路径连接到关键线路上，则这条线路就是包含该工作的最长线路，也是唯一肯定不会影响关键线路的线路，因此这条线路上波形线的长度也就是该工作的总时差了。综上所述，工作的总时差应是，紧邻该工作的前后两个关键节点之间波形线的水平投影长度之和的最小值。

（3）任一工作自由时差的判定：任一工作的自由时差是指在不影响其紧后工作最早开始时间的前提下，该工作可以利用的机动时间。因此，可以把任一工作的自由时差看作该工作在以其完成节点为终点节点的双代号时标网络计划图中的总时差。因此，任一工作的自由时差应是，该工作前面紧邻的关键节点和其完成节点之间波形线的水平投影长度之和的最小值。

【参考答案】

（1）关键线路 B→D→I→K→L→N→Q、B→D→G→J→L→N→Q。

（2）E 的总时差为 1 个月，自由时差为 1 个月。

（3）M 的总时差为 4 个月，自由时差为 2 个月。

2.【解题思路】

本题主要考核的是工程延期的判断和费用索赔的计算。

（1）工程延期的申报条件：

① 由于监理工程师发出的工程变更指令，由此导致工程量的增加。

② 由于合同所涉及任何可能造成工程延期的原因（包括图纸延期交付、工程暂停、

对合格工程的剥离检查及不利的外界条件等）。

③ 异常恶劣的气候条件。

④ 由业主造成任何延误、干扰或障碍（包括未及时提供施工场地、未及时付款等）。

⑤ 除承包单位自身以外的其他任何原因。

（2）工程延期的审批：

① 监理工程师批准的工程延期必须符合合同条件。导致工期拖延的原因确实属于承包单位自身以外的，否则不能批准为工程延期。

② 影响工期：监理工程师应以承包单位提交的、经自己审核后的施工进度计划（不断调整后）为依据来决定是否批准工程延期。

③ 批准的工程延期必须符合实际情况。

（3）工程延期，承包单位不仅有权要求延长工期，而且还有权向业主提出赔偿费用的要求以弥补由此造成的额外损失。

（4）在不同的索赔事件中可以索赔的费用是不同的，根据国家发改委、财政部、住房和城乡建设部等九部委第 56 号令发布的《标准施工招标文件》中通用条款的内容，可以合理补偿承包人的条款见下表。

《标准施工招标文件》中合同条款规定的可以合理补偿承包人索赔的条款

序号	条款号	主要内容	可补偿内容		
			工期	费用	利润
1	1.10.1	施工过程中发现文物、古迹以及其他遗迹、化石、钱币或物品	√	√	
2	4.11.2	承包人遇到不利物质条件	√	√	
3	5.2.4	发包人要求向承包人提前交付材料和工程设备		√	
4	5.2.6	发包人提供的材料和工程设备不符合合同要求	√	√	√
5	8.3	发包人提供资料错误导致承包人的返工或造成工程损失	√	√	√
6	11.3	发包人的原因造成工期延误	√	√	√
7	11.4	异常恶劣的气候条件	√		
8	11.6	发包人要求承包人提前竣工		√	
9	12.2	发包人原因引起的暂停施工	√	√	√
10	12.4.2	发包人原因引起造成暂停施工后无法按时复工	√	√	√
11	13.1.3	发包人原因造成工程质量达不到合同约定验收标准的	√	√	√
12	13.5.3	监理人对隐蔽工程重新检查，经检验证明工程质量符合合同要求的	√	√	√
13	16.2	法律变化引起的价格调整		√	
14	18.4.2	发包人在全部工程竣工前，使用已接受的单位工程导致承包人费用增加的	√	√	√
15	18.6.2	发包人的原因导致试运行失败的		√	√
16	19.2	发包人原因导致的工程缺陷和损失		√	√
17	21.3.1	不可抗力	√		

【参考答案】

（1）项目监理机构不应批准工程延期。

理由：A 工作有 1 个月的总时差，停工 0.5 个月并不影响总工期，所以不存在工程延期的问题，项目监理机构不应批准工程延期。

（2）项目监理机构应批准费用补偿 12 万元。

理由：施工中发现未探明地下障碍物，并非施工单位原因造成，由此而导致机械闲置损失 12 万元，造成了施工单位直接经济损失，如果施工单位能在施工合同约定的期限内提出费用索赔，则项目监理机构应批准其费用补偿 12 万元。

3.【解题思路】

本题主要考核的是工程延期的判断和费用索赔的计算。考生可根据本案例中第 2 问题的相关知识进行分析、判断、计算。

【参考答案】

（1）项目监理机构应批准工程延期 2 个月。

理由：建设单位订购的工程设备未按照合同约定时间进场，导致 J 工作延期，属于建设单位责任，且 J 工作属于关键工作，J 工作延期 2 个月会造成工程延期 2 个月，因此，如果施工单位能在施工合同约定的期限内提出工期索赔，则项目监理机构理应批准工程延期 2 个月。

（2）项目监理机构应批准费用补偿 6 万元。

理由：建设单位订购的工程设备未按照合同约定时间进场，导致施工单位窝工损失 6 万元，属于建设单位责任，因此，如果施工单位能在施工合同约定的期限内提出费用索赔，则项目监理机构理应批准费用补偿 6 万元。

4.【解题思路】

本题考核的是工期优化与赶工费用的计算。

由于 J 工作延期 2 个月，其后的关键工作 L、N、Q 的最早开始时间也会延期 2 个月，进而导致总工期延期 2 个月。由于建设单位要求施工单位仍按原计划工期完工，而非关键工作 P 有总时差，因此，应优先选择缩短 L 工作、N 工作或者 Q 工作的时间。加上赶工费率：N<L<Q，因此理应选择缩短 N 工作 1.5 个月、L 工作 0.5 个月。因此增加的赶工费用＝10×1.5＋20×0.5＝25 万元。

【参考答案】

（1）针对事件 3，为使赶工费用最少，应选 N、L 工作进行压缩。

理由：由于调整非关键工作不会影响总工期，因此，只能选择缩短 J 工作后面的关键工作共计两个月的时间，即缩短 L 工作、N 工作或者 Q 工作的时间。鉴于赶工费率：N<L<Q，因此，理应选择缩短 N 工作 1.5 个月、L 工作 0.5 个月。

（2）增加的赶工费用＝10×1.5＋20×0.5＝25 万元。

试题六

1.【解题思路】

本题主要考核的是预付款的计算。

由题干可知，预付款比例为签约合同价（扣除暂列金额）的 20%，自施工单位实际完成产值达 4000 万元后的次月开始分 5 个月等额扣回。

【参考答案】

（1）工程预付款＝（签约合同价－暂列金额）×20%＝（25000－3800）×20%＝4240 万元。

（2）1～5 月份计划完成产值＝350＋400＋650＋800＋900＝3100 万元＜4000 万元；

1～6 月份计划完成产值＝350＋400＋650＋800＋900＋1000＝4100 万元＞4000 万元；

所以预付款应从开工后第 7 个月起扣。

2.【解题思路】

本题考核的是工期、费用索赔。

（1）承包人费用索赔成立的条件（同时满足）：①承包人在施工合同约定的期限内提出费用索赔；②索赔事件是因非承包人原因造成，不可抗力除外；③索赔事件造成承包人直接经济损失。

（2）工程延期申请成立的条件（同时满足）：①承包人在施工合同约定的期限内提出工程延期；②因非承包人原因造成施工进度滞后；③施工进度滞后影响到施工合同约定的工期。

（3）由于相邻单位工程施工影响，造成基坑局部坍塌，不属于承包单位的责任，由此导致的工程损失40万元，工棚等临时设施损失3.5万元，工程停工5d，应由建设单位担责。施工单位按程序提出索赔申请，要求补偿费用43.5万元、工程延期5d，要求合理，建设单位应予批准。

【参考答案】

不妥之处：建设单位同意补偿工程实体损失40万元，工期不予顺延。

正确做法：建设单位应补偿工程实体损失和临时设施损失共计43.5万元，工期顺延5d。

3.【解题思路】

本题主要考核的是合同管理以及结合实际情况的进度款的计算。

由题干可知，工程进度款按月结算，项目监理机构按施工单位每月应得进度款的90％签认。而施工单位每月应得的进度款包含两个部分，即合同约定工程的进度款和建设、监理单位附加或变更工程所产生的费用。合同约定工程的进度款以题中表格所示为准；因建设单位附加工程产生的费用由建设单位承担，这部分工程费包括人工费、材料费、施工机具使用费、企业管理费、利润、规费和税金；因建设单位变更设计产生的工程费应由建设单位承担；质量事故属于施工单位责任，因此产生的返工费用应由施工单位承担。另外，因为从第7个月开始，还涉及预付款扣回的问题，因此，计算第7个月施工单位应得进度款的时候还应除去建设单位扣回的预付款。

【参考答案】

（1）第4个月监理单位应签认的进度款＝800×90％＝720万元。

（2）由于工程施工至第5个月，建设单位要求施工单位搭设慰问演出舞台，因此产生的费用应由建设单位承担，所以第5个月监理单位应签认的进度款＝[9000000＋（80×75＋150×100）×（1＋8％）×（1＋3％）]×90％＝8121024.36元＝812.10万元。

（3）由于工程施工至第6个月，建设单位提出设计变更，因此产生的费用应由建设单位承担，所以第6个月监理单位应签认的进度款＝[1000＋18.5×（1＋12％）×（1＋7％）×（1＋8％）×（1＋3％）]×90％＝922.20万元。

（4）由于质量事故是施工单位责任，因此产生的费用由施工的单位承担，又因为建设单位第7个月开始扣回预付款，所以第7月监理单位应签认的进度款＝1200×90％－（25000－3800）×20％/5＝232万元。

4.【解题思路】

本题主要考核的是不可抗力引起的合同价格调整。

因不可抗力事件导致的人员伤亡、财产损失及其费用增加，《建设工程施工合同（示范文本)》GF—2013—0201提出，发承包双方应按以下原则分别承担并调整合同价款和工期：

（1）合同工程本身的损害、因工程损害导致第三方人员伤亡和财产损失以及运至施工场地用于施工的材料和待安装的设备的损害，由发包人承担。

（2）发包人、承包人人员伤亡由其所在单位负责，并承担相应费用。

（3）承包人的施工机械设备损坏及停工损失，应由承包人承担。

（4）停工期间，承包人应发包人要求留在施工场地的必要的管理人员及保卫人员的费用应由发包人承担。

（5）工程所需清理、修复费用，应由发包人承担。

不可抗力解除后复工的，若不能按期竣工，应合理延长工期。发包人要求赶工的，赶工费用应由发包人承担。

【参考答案】

（1）事件5中各项损失的承担方式如下。

① 在建永久工程损失20万元——应由建设单位承担。

② 进场待安装的设备损失3.2万元——应由建设单位承担。

③ 施工机具闲置损失8万元——应由施工单位承担。

④ 工程清理花费5万元——应由建设单位承担。

（2）建设单位应承担的损失＝20＋3.2＋5＝28.20万元。

2016 年度全国监理工程师资格考试试卷

本试卷均为案例分析题（共 6 题，每题 20 分），要求分析合理、结论正确；有计算要求的，应简要写出计算过程。

试 题 一

某工程，实施过程中发生如下事件：

事件 1：总监理工程师安排的部分监理职责分工如下：①总监理工程师代表组织审查（专项）施工方案；②专业监理工程师处理工程索赔；③专业监理工程师编制监理实施细则；④监理员检查进场工程材料、构配件和设备的质量；⑤监理员复核工程计量有关数据。

事件 2：项目监理机构分析工程建设有可能出现的风险因素，分别从风险回避、损失控制、风险转移和风险自留四种风险对策方面，向建设单位提出了应对措施建议，见下表。

风险因素及应对措施表

代码	风险因素	风险应对措施
A	人工费和材料费波动比较大	签订总价合同
B	采用新技术较多，施工难度大	变更设计，采用成熟技术
C	场地内可能有残留地下障碍物	设立专项基金
D	工程所在地风灾频发	购买工程保险
E	工程投资失控	完善投资计划，强化动态监控

事件 3：工程开工后，监理单位变更了不称职的专业监理工程师，并口头告知建设单位。监理单位因工作需要调离原总监理工程师并任命新的总监理工程师后，书面通知建设单位。

事件 4：工程竣工验收前，施工单位提交的工程质量保修书中确定的保修期限如下：①地基基础工程为 5 年；②屋面防水工程为 2 年；③供热系统为 2 个采暖期；④装修工程为 2 年。

问题：

1. 针对事件 1，逐项指出总监理工程师安排的监理职责分工是否妥当。

2. 逐项指出表中的风险应对措施分别属于哪一种风险对策。

3. 事件 3 中，监理单位的做法有何不妥？写出正确做法。

4. 针对事件 4，逐条指出施工单位确定的保修期限是否妥当，不妥之处说明理由。

试 题 二

某工程，实施工程中发生如下事件：

事件 1：一批工程材料进场后，施工单位审查了材料供应商提供的质量证明文件，并按规定进行了检验，确认材料合格后，施工单位项目技术负责人在《工程材料、构配件、设备报审表》中签署意见后，连同质量证明文件一起报送项目监理机构审查。

事件2：工程开工后不久，施工项目经理与施工单位解除劳动合同后离职，致使施工现场的实际管理工作由项目副经理负责。

事件3：项目监理机构审查施工单位报送的分包单位资格报审材料时发现，其《分包单位资格报审表》附件仅附有分包单位的营业执照、安全生产许可证和类似工程业绩，随即要求施工单位补充报送分包单位的其他相关资格证明材料。

事件4：施工单位编制了高大模板工程的专项施工方案，并组织专家论证、审核后报送项目监理机构审批。总监理工程师审核签字后即交由施工单位实施。施工过程中，专业监理工程师巡视发现，施工单位未按专项施工方案组织施工，且存在安全事故隐患，便立刻报告了总监理工程师。总监理工程师随即与施工单位进行沟通，施工单位解释：为保证施工工期，调整了原专项施工方案中确定的施工顺序，保证不存在安全问题。总监理工程师现场察看后认可施工单位的解释，故未要求施工单位采取整改措施。结果，由上述隐患导致发生了安全事故。

问题：
1. 指出事件1中施工单位的不妥之处，写出正确做法。
2. 针对事件2，项目监理机构和建设单位应如何处置？
3. 事件3中，施工单位还应补充报送分包单位的哪些资格证明材料？
4. 指出事件4中的不妥之处，写出正确做法。

试 题 三

某工程，实施过程中发生如下事件：

事件1：工程开工前，施工项目部编制的施工组织设计经项目技术负责人签字并加盖项目经理部印章后，作为《施工组织设计/（专项）施工方案报审表》的附件报送项目监理机构，专业监理工程师审查签认后即交由施工单位实施。

事件2：项目监理机构收到施工单位提交的地基与基础分部工程验收申请后，总监理工程师组织施工单位项目负责人和项目技术负责人进行了验收，并核查了下列内容：①该分部工程所含分项工程质量是否验收合格；②有关安全、节能、环境保护和主要使用工程的抽样检验结果是否符合规定。

事件3：主体结构工程施工过程中，项目监理机构对两种不同强度等级的预拌混凝土坍落度数据分别进行统计，得到如下图所示的控制图。

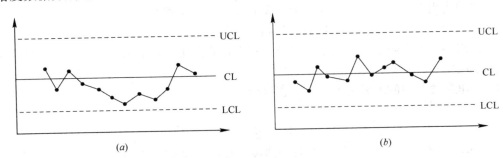

(a)　　　　　　　　　　　　　　(b)

预拌混凝土坍落度控制图

事件 4：建设单位要求项目监理机构在整理监理文件资料后，将需归档保存的监理文件资料直接移交城建档案管理机构。

问题：

1. 指出事件 1 中的不妥之处，写出正确做法。

2. 针对事件 2，还有哪些人员应参加验收？验收核查的内容还应包括哪些？

3. 事件 3 中，根据预拌混凝土坍落度控制图，分别判断（a）、（b）所示生产过程是否正常，并说明理由。

4. 指出事件 4 中建设单位要求的不妥之处。写出监理文件资料归档的正确做法。

试 题 四

某工程，建设单位委托监理单位承担施工招标代理和施工监理任务，工程实施过程中发生如下事件：

事件 1：因工程技术复杂，该工程拟分两阶段招标。招标前，建设单位提出如下要求：

（1）投标人应在第一阶段投标截止日前提交投标保证金；

（2）投标人应在第一阶段提交的技术建议书中明确相应的投标报价；

（3）参加第二阶段的投标人必须在第一阶段提交技术建议书的投标人中产生；

（4）第二阶段的投标评审应将商务标作为主要评审内容。

事件 2：建设单位与中标施工单位按照《建设工程施工合同（示范文本）》进行合同洽谈时，双方对下列工作的责任归属产生分歧，包括：①办理工程质量、安全监督手续；②建设单位采购的工程材料使用前的检验；③建立工程质量保证体系；④组织无负荷联动试车；⑤缺陷责任期届满后主体结构工程合理使用年限内的质量保修。

事件 3：建设单位采购的工程设备比原计划提前两个月到场，建设单位通知项目监理机构和施工单位共同进行了清点移交。施工单位在设备安装前，发现该设备的部分部件因保管不善受到损坏需修理，部分配件采购数量不足。经协商，损坏的设备部件由施工单位修理，采购数量不足的配件由施工单位补充采购。为此，施工单位向建设单位提出费用补偿申请，要求补偿两个月的设备保管费、损坏部件修理费和配件采购费。

事件 4：监理员在巡视中发现，由分包单位施工的幕墙工程存在质量缺陷，即签发《监理通知单》要求整改。经核验，该质量缺陷需进行返工处理，为此，分包单位编制了幕墙工程返工处理方案报送项目监理机构审查。

问题：

1. 逐项指出事件 1 中建设单位的要求是否妥当，说明理由。

2. 逐项指出事件 2 中各项工作的责任归属。

3. 指出事件 3 中施工单位的不妥之处，写出正确做法。施工单位提出的哪些费用补偿项是合理的？

4. 指出事件 4 中的不妥之处，写出正确做法。

试 题 五

某工程，建设单位与施工单位按照《建设工程施工合同（示范文本）》签订了施工合同，经总监理工程师批准的施工总进度计划如下图所示（时间单位：月），各项工作均按最早开始时间安排且匀速施工。施工过程中发生如下事件：

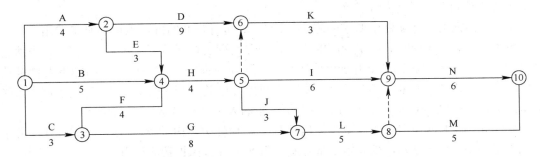

施工总进度计划（时间单位：月）

事件 1：工作 C 开始后，施工单位向项目监理机构提交了工程变更申请，由于该项工程变更不涉及修改设计图纸，施工单位要求总监理工程师尽快签发《工程变更单》。

事件 2：施工中遭遇不可抗力，导致工作 G 停工 2 个月、工作 H 停工 1 个月，并造成施工单位 20 万元的窝工损失，为确保工程按原计划时间完成，产生赶工费 15 万元。施工单位向项目监理机构提出申请，要求费用补偿 35 万元，工程延期 3 个月。

事件 3：工程开工后第 1—4 月拟完成工程计划投资、已完工程计划投资与已完工程实际投资如下图所示：

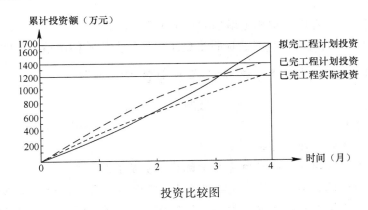

投资比较图

问题：

1. 确定施工总进度计划的总工期及关键工作，计算工作 G 的总时差。

2. 针对事件 1，写出项目监理机构处理工程变更的程序。

3. 事件 2 中，项目监理机构应批准的费用补偿和工程延期分别为多少？说明理由。

4. 针对事件 3，指出工程在第 4 月末的投资偏差和进度偏差（以投资额表示）。

试 题 六

某工程执行《建设工程工程量清单计价规范》，分部分项工程费合计 28150 万元，不含安全文明施工费的可计量措施项目费 4500 万元，其他项目费 150 万元，规费 123 万元，安全文明施工费费率为 3%（以分部分项工程费与可计量的措施项目费为计算基数），企业管理费费率为 20%，利润率为 5%，综合税率为 3.48%（按营业税计算），人工费 80 元/

工日，吊车使用费 3000 元/台班。该工程定额工期为 50 个月。

工程实施过程中发生如下事件：

事件 1：施工招标文件中要求的施工工期为 38 个月，并明确可以增加赶工费用。

事件 2：土方开挖时遇到未探明的古墓，项目监理机构下达了《工程暂停令》，当地文物保护部门随即进驻施工现场开展考古工作。施工单位向项目监理机构提出如下费用补偿申请：①基坑围护工程损失 33 万元；②工程暂停导致施工机械闲置费用 5.7 万元；③受文物保护部门委托进行土方挖掘与清理工作产生的人工和机械费用 7.8 万元。

事件 3：施工过程中，建设单位提出某分项工程变更，由此增加用工 180 工日、吊车 12 台班、材料费 16 万元，夜间施工增加费 8 万元，设备保护费 3.5 万元。

事件 4：因工程材料占用施工场地，致使原计划均需使用吊车作业的 A、B 两项工作的间隔时间由原定的 3d 增至 8d，为此，施工单位向项目监理机构提出补偿 5 个吊车台班窝工费用的申请。

问题：

1. 计算该工程的安全文明施工费和签约合同价。

2. 事件 1 中，施工单位是否可以提出增加赶工费用？说明理由，赶工费用应由哪几部分构成？

3. 逐项指出事件 2 中发生的费用是否应给予补偿并说明理由，项目监理机构应批准的费用补偿总额是多少万元？

4. 针对事件 3，计算因工程变更增加的分项工程费用。

5. 事件 4 中，项目监理机构是否应批准施工单位的费用补偿申请？说明理由。

2016 年度全国监理工程师资格考试试卷参考答案及解析

试题一

1.【解题思路】

本题主要考核的是监理人员的职责。

（1）总监理工程师职责：确定项目监理机构人员及其岗位职责；组织编制监理规划，审批监理实施细则；根据工程进展及监理工作情况调配监理人员，检查监理人员工作；组织召开监理例会；组织审核分包单位资格；组织审查施工组织设计、（专项）施工方案；审查开复工报审表，签发工程开工令、暂行令和复工令；组织检查施工单位现场质量、安全生产管理体系的建立及运行情况；组织审核施工单位的付款申请，签发工程款支付证书，组织审核竣工结算；组织审查和处理工程变更；调解建设单位与施工单位的合同争议，处理工程索赔；组织验收分部工程，组织审查单位工程质量检验资料；审查施工单位的竣工申请，组织工程竣工预验收，组织编写《工程质量评估报告》，参与工程竣工验收；参与或配合工程质量安全事故的调查和处理；组织编写监理月报、监理工作总结，组织质量监理文件资料。

（2）总监理工程师代表职责：按总监理工程师的授权，负责总监理工程师指定或交办的监理工作，行使总监理工程师的部分职责和权力，但不得插手以下工作：组织编制监理规划，审批监理实施细则；根据工程进展及监理工作情况调配监理人员；组织审查施工组织设计、（专项）施工方案；签发工程开工令、暂停令和复工令；签发工程款支付证书，组织审核竣工结算；调解建设单位与施工单位的合同争议，处理工程索赔；审查施工单位的竣工申请，组织工程竣工预验收，组织编写《工程质量评估报告》，参与工程竣工验收；参与或配合工程质量安全事故的调查和处理。

（3）专业监理工程师职责：参与编制监理规划，负责编制监理实施细则；审查施工单位提交的涉及本专业的报审文件，并向总监理工程师报告；参与审核分包单位资格；指导、检查监理员工作，定期向总监理工程师报告本专业监理工作实施情况；检查进场的工程材料、构配件、设备的质量；验收检验批、隐蔽工程、分项工程，参与验收分部工程；处置发现的质量问题和安全事故隐患；进行工程计量；参与工程变更的审查和处理；组织编写监理日志，参与编写监理月报；收集、汇总、参与整理监理文件资料；参与工程竣工预验收和竣工验收。

（4）监理员职责：检查施工单位投入工程的人力、主要设备的使用及运行状况；进行见证取样；复核工程计量有关数据；检查工序施工结果；发现施工作业中的问题，及时指出并向专业监理工程师报告。

【参考答案】

（1）①，不妥。①属于总监理工程师的职责，总监理工程师不应将该项工作委托给总监理工程师代表。

（2）②，不妥。处理工程索赔是总监理工程师的职责。

（3）③，妥当。专业监理负责编制监理实施细则。

（4）④，不妥。检查进场工程材料构配件设备质量由专业监理工程师负责。

（5）⑤，妥当。监理员负责复核工程计量有关数据。

2. 【解题思路】

本题主要考核的是建设工程的风险对策。

建设工程风险对策包括风险回避、损失控制、风险转移和风险自留。风险回避指的是通过放弃项目、放弃原有计划或改变目标的方法来避免潜在损失。损失控制是一种主动、积极的风险对策，可分为预防损失和减少损失两个方面，一般由预防计划、灾难计划和应急计划三部分组成。风险转移可分为非保险转移和保险转移两大类，非保险转移又称为合同转移，通过签订合同的方式将建设工程风险转移给非保险人的对方当事人；保险转移即购买工程保险。风险自留是指将建设工程风险保留在风险管理主体内部，通过采取内部控制措施等来化解风险。

【参考答案】

（1）A 属于风险转移。

（2）B 属于风险回避。

（3）C 属于损失控制。

（4）D 属于风险转移。

（5）E 属于风险自留。

3. 【解题思路】

本题主要考核的是监理单位调换监理人员的注意事项。

工程监理单位更换、调整项目监理机构监理人员，应做好交接工作，保持建设工程监理工作的连续性。工程监理单位调换总监理工程师，应征得建设单位书面同意；调换专业监理工程师时，总监理工程师应书面通知建设单位。

【参考答案】

（1）不妥之处：监理单位变更了不称职的专业监理工程师，并口头告知建设单位。

正确做法：监理单位调换专业监理工程师时，总监理工程师应书面通知建设单位。

（2）不妥之处：监理单位调换总监理工程师后，书面通知建设单位。

正确做法：监理单位调换总监理工程师前，应事先征得建设单位的书面同意。

4.【解题思路】

本题考核的是工程的保修期。

房屋建筑工程保修期从工程竣工验收合格之日起计算，在正常使用条件下，房屋建筑工程的最低保修期限为：

（1）地基基础工程和主体结构工程，为设计文件规定的该工程合理使用年限。

（2）屋面防水工程、有防水要求的卫生间、房间和外墙面的防渗漏为5年。

（3）供热与供冷系统，为2个采暖期、供冷期。

（4）电气管线、给排水管道、设备安装为2年。

（5）装修工程为2年。

其他项目的保修期限由建设单位和施工单位约定。

【参考答案】

（1）地基基础工程保修期为5年不妥；

理由：地基基础工程和主体结构工程的保修期限为设计文件规定的该工程合理使用年限。

（2）屋面防水工程的保修期为2年不妥；

理由：屋面防水工程、有防水要求的卫生间、房间和外墙面的防渗漏的保修期为5年。

（3）供热系统的保修期为2个采暖期妥当。

（4）装修工程的保修期为2年妥当。

试题二

1.【解题思路】

本题主要考核的是工程材料的检验制度。

材料进场必须有出厂合格证、生产许可证、质量保证书和使用说明书。工程材料进场后，用于工程施工前，施工单位应填报《工程材料、构配件、设备报审表》，项目监理机构应审查施工单位报送的用于工程的材料、构配件、设备的质量证明文件，包括进场材料出厂合格证、材质证明、试验报告等，并应按有关规定、建设工程监理合同约定，对用于工程的材料进行见证取样、平行检验。

【参考答案】

事件1中施工单位的不妥之处及正确做法如下：

不妥之处：施工单位项目技术负责人在《工程材料、构配件、设备报审表》中签署意见后，连同质量证明文件一起报送项目监理机构审查。

正确做法：施工单位采购的材料进场后，自检合格后由项目经理在《工程材料、构配件、设备报审表》中签字，施工项目经理部盖章，并连同工程材料、构配件、设备清单、质量证明文件、自检结果作为附件报送项目监理机构。监理工程师根据合同约定，对该材料见证取样及检测合格后，才能够统一使用在工程拟定部位上。

2. 【解题思路】

本题主要考核的是项目经理的更换。根据《建设工程施工合同（示范文本）》的规定：

3.2.3 承包人需要更换项目经理的，应提前14d书面通知发包人和监理人，并征得发包人书面同意。通知中应当载明继任项目经理的注册执业资格、管理经验等资料，继任项目经理继续履行第3.2.1项约定的职责。未经发包人书面同意，承包人不得擅自更换项目经理。承包人擅自更换项目经理的，应按照专用合同条款的约定承担违约责任。

3.2.4 发包人有权书面通知承包人更换其认为不称职的项目经理，通知中应当载明要求更换的理由。承包人应在接到更换通知后14d内向发包人提出书面的改进报告。发包人收到改进报告后仍要求更换的，承包人应在接到第二次更换通知的28d内进行更换，并将新任命的项目经理的注册执业资格、管理经验等资料书面通知发包人。继任项目经理继续履行第3.2.1项约定的职责。承包人无正当理由拒绝更换项目经理的，应按照专用合同条款的约定承担违约责任。

【参考答案】

针对事件2，项目监理机构和建设单位的处置如下：

（1）项目监理机构和建设单位应当书面通知施工单位更换项目经理。

（2）施工单位应当派遣同等资质、履历能力的项目经理。

（3）经过项目监理机构和建设单位书面同意后，方可正式进入现场展开工作。

3. 【解题思路】

本题主要考核的是对分包单位资格审查。

分包工程开工前，项目监理机构应审核施工单位报送的分包单位资格报审表及有关资料，专业监理工程师进行审核并提出审查意见，符合要求后，应由总监理工程师审批并签署意见。分包单位资格审核应包括的基本内容：①营业执照、企业资质等级证书；②安全生产许可文件；③类似工程业绩；④专职管理人员和特种作业人员的资格。

专业监理工程师审查分包单位资质材料时，应查验《建筑业企业资质证书》《企业法人营业执照》《安全生产许可证》。注意拟承担分包工程内容与资质等级、营业执照是否相符。分包单位的类似工程业绩，要求提供工程名称、工程质量验收等证明文件；审查拟分包工程的内容和范围时，应注意施工单位的发包性质，禁止转包、肢解分包、层层分包等违法行为。

【参考答案】

事件3中，施工单位还应补充报送分包单位的资格证明材料包括：企业资质等级证书、专职管理人员和特种作业人员的资格证、拟分包工程的内容和范围、税务登记证、组织机构代码证、分包单位项目经理授权书、安全生产协议、分包合同。

4. 【解题思路】

本题主要考核的是专项施工方案的编制、审查和实施的监理要求。

（1）实行施工总承包的，专项施工方案应当由总承包施工单位组织编制，其中，起重机械安装拆卸工程、深基坑工程、附着式升降脚手架等专业工程实行分包的，其专项施工方案可由专业分包单位组织编制。实行施工总承包的，专项施工方案应当由总承包施工单位技术负责人及相关专业分包单位技术负责人签字。对于超过一定规模的危险性较大的分部分项工程专项方案应当由施工单位组织召开专家论证会。

（2）专项施工方案监理审查要求：对编制的程序进行符合性审查；对实质性内容进行符合性审查。

（3）施工单位应当严格按照专项方案组织施工，安排专职安全管理人员实施管理，不得擅自修改、调整专项施工方案。如因设计、结构、外部环境等因素发生变化确需修改的，应及时报告项目监理机构，修改后的专项施工方案应当按相关规定重新审核。

【参考答案】

事件4中的不妥之处及正确做法如下：

（1）不妥之处：施工单位编制了高大模板工程的专项施工方案，并组织专家论证、审核后报送项目监理机构审批。总监理工程师审核签字后即交由施工单位实施。

正确做法：专项施工方案应当报送施工单位技术部门，组织专家论证审查，经施工单位技术负责人签字后，才能报送项目监理机构审查。项目监理机构应审查施工单位报审的专项施工方案，符合要求的，应由总监理工程师签认后报建设单位。

（2）不妥之处：总监理工程师随即与施工单位进行沟通。

正确做法：项目监理机构应巡视检查危险性较大的分部分项工程专项施工方案实施情况。项目监理机构在实施监理过程中，发现工程存在安全事故隐患时，应签发监理通知单，要求施工单位整改；情况严重时，应签发工程暂停令，并应及时报告建设单位。施工单位拒不整改或不停止施工时，项目监理机构应及时向有关主管部门报送监理报告。

（3）不妥之处：总监理工程师现场察看后认可施工单位的解释，故未要求施工单位采取整改措施。

正确做法：专项施工方案需要调整时，施工单位应按程序重新提交项目监理机构审查。即施工单位修改方案应当报送施工单位技术部门，再次组织专家论证审查，经施工单位技术负责人签字后，才能报送项目监理机构审查。项目监理机构应审查施工单位报审的专项施工方案，符合要求的，应由总监理工程师签认后报建设单位。专项施工方案经过重新审查后，方可继续施工。

试题三

1.【解题思路】

本题主要考核的是施工组织设计、施工单位报审、报验用表。

（1）根据《建设工程监理规范》GB/T 50319—2013的规定：施工单位编制的施工组织设计应由施工单位技术负责人审核签字并加盖施工单位公章。有分包单位的，分包单位编制的施工组织设计或（专项）施工方案均应由施工单位按规定完成相关审批手续后，报项目监理机构审核。

（2）施工单位编制的施工组织设计、施工方案、专项施工方案经其技术负责人审查后，需要连同《施工组织设计或（专项）施工方案报审表》一起报送项目监理机构。先由专业监理工程师审查后，再由总监理工程师审核签署意见。《施工组织设计或（专项）施工方案报审表》需要由总监理工程师签字，并加盖执业印章。对于超过一定规模的危险性较大的分部分项工程专项施工方案，还需要报送建设单位审批。

【参考答案】

事件1中的不妥之处及正确做法如下：

（1）不妥之处：工程开工前，施工项目部编制的施工组织设计经项目技术负责人签字并加盖项目经理部印章后，作为《施工组织设计（专项）施工方案报审表》的附件报送项目监理机构。

正确做法：施工单位编制的施工组织设计经施工单位技术负责人审核签认后，与施工组织设计报审表一并报送项目监理机构。

（2）不妥之处：专业监理工程师审查签认后即交由施工单位实施。

正确做法：总监理工程师应及时组织专业监理工程师审查施工组织设计，符合要求的，由总监理工程师签认。已签认的施工组织设计由项目监理机构报送建设单位。项目监理机构应要求施工单位按照施工组织设计施工。

2. 【解题思路】

本题主要考核的是分部工程验收的程序和合格规定。

（1）分部工程验收的程序：分部工程应由总监理工程师（建设单位项目负责人）组织施工单位项目负责人和项目技术负责人等进行验收，勘察、设计单位项目负责人和施工单位技术、质量部门负责人应参加地基与基础分部工程的验收。

（2）分部工程质量验收合格规定：所含分项工程的质量均应验收合格；质量控制资料应完整；有关安全、节能、环境保护和主要使用功能的抽样检验结果应符合相应规定；观感质量应符合要求。

【参考答案】

针对事件2，还应参加验收的人员包括：建设单位项目负责人、设计单位项目负责人、勘察单位项目负责人、施工单位技术质量负责人项目经理、质量监督机构人员等。

验收核查的内容还应包括：质量控制资料应完整；观感质量应符合要求。

3. 【解题思路】

本题主要考核的是控制图的观察与分析。

生产过程正常需要同时满足两个条件，即点子几乎全部落在控制界限之内和控制界限内的点子排列没有缺陷。否则，生产过程即是异常的。所谓电子排列没有缺陷，指的是点子的排列是随机的，没有出现异常现象，即没有出现"链""多次同侧""趋势或倾向""周期性变动""接近控制界限"等情况。出现七点链应判定工序异常。

【参考答案】

事件3中，根据图（a）、（b）所示生产过程的判断及理由：

（1）图（a）所示生产过程不正常。

理由：图（a）出现七点链，应判定工序异常，需采取处理措施。

（2）图（b）所示生产过程正常。

理由：点子全部落在控制界限之内，并且控制界限内的点子排列没有缺陷。

4. 【解题思路】

本题考核的是工程资料移交与归档。

工程资料移交应符合下列规定：

（1）施工单位应向建设单位移交施工资料。

（2）实行施工总承包的，各专业承包单位应向施工总承包单位移交施工资料。

（3）监理单位应向建设单位移交监理资料。

（4）工程资料移交时应及时办理相关移交手续，填写工程资料移交书、移交目录。

（5）建设单位应按国家有关法规和标准规定向城建档案管理部门移交工程档案，并办理相关手续。有条件时，向城建档案管理部门移交的工程档案应为原件。

【参考答案】

事件4中建设单位要求的不妥之处及监理文件资料归档的正确做法如下：

不妥之处：建设单位要求项目监理机构将需归档保存的监理文件资料直接移交城建档案管理机构。

正确做法：项目监理机构在整理监理文件资料后，将完整的监理资料提交给建设单位；建设单位在审查无误后，将监理文件资料移交城建档案管理机构归档保存。

试题四

1.【解题思路】

本题主要考核的是关于招标的法律法规。

根据《招标投标法实施条例》的相关规定，对技术复杂或者无法精确拟定技术规格的项目，招标人可以分两阶段进行招标。

第一阶段，投标人按照招标公告或者投标邀请书的要求提交不带报价的技术建议，招标人根据投标人提交的技术建议确定技术标准和要求，编制招标文件。

第二阶段，招标人向在第一阶段提交技术建议的投标人提供招标文件，投标人按照招标文件的要求提交包括最终技术方案和投标报价的投标文件。

招标人要求投标人提交投标保证金的，应当在第二阶段提出。

【参考答案】

对于事件1中建设单位的要求，判断和理由如下。

（1）要求投标人应在第一阶段投标截止日前提交投标保证金，不妥。

理由：招标第一阶段，招标文件尚未编制，无法确定投标保证金金额，因此，招标人要求投标人应在第一阶段投标截止日前提交投标保证金不妥，应当在第二阶段提出。

（2）要求投标人应在第一阶段提交的技术建议书中明确相应的投标报价，不妥。

理由：招标第一阶段，投标人应提交的是不带报价的技术建议。

（3）参加第二阶段投标人必须在第一阶段提交技术建议书的投标人中产生，妥当。

理由：因为在第一阶段被淘汰的技术标，不允许修改标书后参加第二阶段的投标。

（4）第二阶段的投标评审应将商务标作为主要评审内容，妥当。

理由：因第二阶段的技术标与商务标不能同时启封，先开技术标评选后，再重点评审商务标。

2.【解题思路】

本题主要考核的是工程参建各方的质量责任。

（1）建设单位的质量责任：对建设工程项目的勘察、设计、施工、监理以及工程建设有关重要设备材料等的采购，均实行招标，依法确定程序和方法，择优选定中标者；不得任意压缩合理工期；不得明示或暗示设计单位或施工单位违反建设强制性标准，降低建设工程质量；根据工程特点，配备相应的质量管理人员；负责办理有关施工图设计文件审查、工程施工许可证和工程质量监督手续，组织设计和施工单位进行设计交底；组织设计、施工、工程监理等有关单位进行竣工验收；按合同的约定负责采购供应的建筑材料、建筑构配件和设备，对发生的质量问题，应承担相应的责任；等等。

（2）监理单位的质量责任：监理单位故意弄虚作假，降低工程质量标准，造成质量事故的，或者与承包单位串通，谋取非法利益，给建设单位造成损失的，应承担违法责任；监理单位在责任期内，不按照监理合同约定履行监理职责，给建设单位或其他单位造成损失的，应承担违约责任。

（3）施工单位的质量责任：对所承包的工程项目的施工质量负责；按照工程设计图纸和施工技术规范标准组织施工，未经设计单位同意，不得擅自修改工程设计；在施工中，不得偷工减料，不使用不符合设计和强制性技术标准要求的产品，不使用未经检验和试验或检验和试验不合格的产品。

【参考答案】

事件 2 中各项工作的责任归属：

（1）①办理工程质量、安全监督手续属于建设单位责任。

（2）②建设单位采购的工程材料使用前的检验属于施工单位责任。

（3）③建立工程质量保证体系属于施工单位责任。

（4）④组织无负荷联动试车是工程竣工验收的一部分，应由建设单位组织，属于建设单位的责任。

（5）⑤主体结构工程合理使用年限内的质量保修属于施工单位的责任。

3. 【解题思路】

本题主要考核的是发包人供应材料与工程设备的接收、保管。

根据《建设工程施工合同（示范文本）》规定：

8.3.1　发包人应按《发包人供应材料设备一览表》约定的内容提供材料和工程设备，并向承包人提供产品合格证明及出厂证明，对其质量负责。发包人应提前 24h 以书面形式通知承包人、监理人材料和工程设备到货时间，承包人负责材料和工程设备的清点、检验和接收。

发包人提供的材料和工程设备的规格、数量或质量不符合合同约定的，或因发包人原因导致交货日期延误或交货地点变更等情况的，按照第 16.1 款〔发包人违约〕约定办理。

8.4.1　发包人供应的材料和工程设备，承包人清点后由承包人妥善保管，保管费用由发包人承担，但已标价工程量清单或预算书已经列支或专用合同条款另有约定除外。因承包人原因发生丢失毁损的，由承包人负责赔偿；监理人未通知承包人清点的，承包人不负责材料和工程设备的保管，由此导致丢失毁损的由发包人负责。

发包人供应的材料和工程设备使用前，由承包人负责检验，检验费用由发包人承担，不合格的不得使用。

【参考答案】

（1）事件 3 中施工单位的不妥之处及正确做法如下：

①不妥之处：建设单位通知项目监理机构和施工单位共同进行了清点移交。

正确做法：要由建设单位参加进场设备清点移交工作，因为是建设单位采购的工程设备。首先，要认真检查设备的型号规格和数量，说明书和设备包装上的质量标准相符合等签字后才能入库。

② 不妥之处：向建设单位提出损坏部件维修费及采购配件费。

正确做法：施工单位要加强保管认真检查配件数量质量，因自身管理原因导致的损失，其费用施工单位自行负责。

（2）施工单位提出合理的费用补偿项是：补偿两个月的设备保管费。

4.【解题思路】

本题主要考核的是监理通知单的签发、对工程质量缺陷的处理。

根据《建设工程监理规范》GB/T 50319—2013 的规定：

5.2.15　项目监理机构发现施工存在质量问题的，或施工单位采用不适当的施工工艺，或施工不当，造成工程质量不合格的，应及时签发监理通知单，要求施工单位整改。整改完毕后，项目监理机构应根据施工单位报送的监理通知回复单对整改情况进行复查，提出复查意见。

5.2.16　对需要返工处理或加固补强的质量缺陷，项目监理机构应要求施工单位报送经设计等相关单位认可的处理方案，并应对质量缺陷的处理过程进行跟踪检查，同时应对处理结果进行验收。

6.2.2　项目监理机构发现下列情况之一时，总监理工程师应及时签发工程暂停令：

（1）建设单位要求暂停施工且工程需要暂停施工的。

（2）施工单位未经批准擅自施工或拒绝项目监理机构管理的。

（3）施工单位未按审查通过的工程设计文件施工的。

（4）施工单位违反工程建设强制性标准的。

（5）施工存在重大质量、安全事故隐患或发生质量、安全事故的。

【参考答案】

事件 4 中的不妥之处及正确做法如下：

（1）不妥之处：监理员在巡视中发现，由分包单位施工的幕墙工程存在质量缺陷，即签发《监理通知单》要求整改。

正确做法：监理员报告监理工程师，由监理工程师根据事件的影响程度，签发监理通知单或报总监理工程师签发工程暂停令。监理通知单或工程暂停令只能向总承包单位签发，不能向分包单位签发。

（2）不妥之处：分包单位编制了幕墙工程返工处理方案报送项目监理机构审查。

正确做法：对需要返工处理或加固补强的质量缺陷，项目监理机构应要求施工单位报送经设计等相关单位认可的处理方案，并应对质量缺陷的处理过程进行跟踪检查，同时应对处理结果进行验收。

试题五

1.【解题思路】

本题主要考核的是双代号网络计划图中关键工作的确定，以及总工期和总时差的计算。

（1）关键工作的确定：在所有线路中持续时间最长的线路即为关键线路。关键线路上工作即为关键工作。

（2）总工期的计算：关键线路持续的时间即为总工期。

（3）总时差的计算：工作的总时差是指在不影响总工期的前提下，该工作可以利用的机动时间。因此，工作的总时差＝总工期－该工作所在线路持续时间的最大值。

【参考答案】

（1）施工总进度计划的总工期为 25 个月。

（2）施工总进度计划的关键工作为 A、C、E、F、H、J、L、N。

（3）因为 G 工作所在的线路为①→③→⑦→⑧→⑨→⑩和①→③→⑦→⑧→⑩，其工期依次为 22 个月和 21 个月，因此在不影响总工期 25 个月的情况下，G 工作至少有 25－22＝3 个月的机动时间，因此，G 工作的总时差为 3 个月。

2.【解题思路】

本题主要考核的是施工单位提出的工程变更。

对于施工单位提出的工程变更，项目监理机构可按下列程序处理：

（1）总监理工程师组织专业监理工程师审查施工单位提出的工程变更申请，提出审查意见。对涉及工程设计文件修改的工程变更，应由建设单位转交原设计单位修改工程设计文件。必要时，项目监理机构应建议建设单位组织设计、施工等单位召开论证工程设计文件修改方案的专题会议。

（2）总监理工程师组织专业监理工程师对工程变更费用及工期影响作出评估。

（3）总监理工程师组织建设单位、施工单位等共同协商确定工程变更费用及工期变化，会签工程变更单。

（4）项目监理机构根据批准的工程变更文件监督施工单位实施工程变更。

【参考答案】

针对事件 1，项目监理机构处理工程变更的程序如下：

（1）总监理工程师组织专业监理工程师审查施工单位提出的工程变更申请，提出审查意见。

（2）总监理工程师根据实际情况、工程变更文件和其他相关资料，在专业监理工程师对工程变更引起的增减工程量、费用变化及对工期的影响分析的基础上，对工程变更费用及工期影响作出评估。

（3）总监理工程师组织建设单位、施工单位等共同协商确定工程变更费用及工期变化，会签工程变更单。

（4）项目监理机构根据批准的工程变更文件监督施工单位实施工程变更。

3.【解题思路】

本题主要考核的是不可抗力引起的合同价格调整。

因不可抗力事件导致的人员伤亡、财产损失及其费用增加，《建设工程施工合同（示范文本）》GF—2013—0201 提出，发承包双方应按以下原则分别承担并调整合同价款和工期：

（1）合同工程本身的损害、因工程损害导致第三方人员伤亡和财产损失以及运至施工场地用于施工的材料和待安装的设备的损害，由发包人承担。

（2）发包人、承包人人员伤亡由其所在单位负责，并承担相应费用。

（3）承包人的施工机械设备损坏及停工损失，应由承包人承担。

（4）停工期间，承包人应发包人要求留在施工场地的必要的管理人员及保卫人员的费用应由发包人承担。

（5）工程所需清理、修复费用，应由发包人承担。

不可抗力解除后复工的，若不能按期竣工，应合理延长工期。发包人要求赶工的，赶工费用应由发包人承担。

【参考答案】

（1）事件2中，项目监理机构应批准的费用补偿为15万元。

理由：因不可抗力导致施工单位停工损失20万元不属于建设单位责任，应由施工单位自行承担。因赶工而产生的费用15万元应由建设单位承担。

（2）事件2中，施工单位向项目监理机构提出的工程延期3个月的申请不予批准。

理由：H工作为关键工作，停工1个月后在建设单位要求下通过赶工使H工作按原计划时间完成，所以不影响总工期。而G工作有3个月的总时差，停工2个月不影响总工期，因此工期延期申请不予批准。

4.【解题思路】

本题主要考核的是投资偏差分析。

（1）投资偏差（CV）＝已完工作预算投资（BCWP）－已完工作实际投资（ACWP）。

当投资偏差CV为负值时，表示项目运行超出预算投资；当投资偏差CV为正值时，表示项目运行节支，实际投资没有超出预算投资。

（2）进度偏差（SV）＝已完工作预算投资（BCWP）－计划工作预算投资（BCWS）。

当进度偏差SV为负值时，表示进度延误，实际进度落后于计划进度；当进度偏差SV为正值时，表示进度提前，实际进度快于计划进度。

【参考答案】

针对事件3，工程在第4月末的投资偏差和进度偏差如下：

（1）投资偏差＝已完工作预算投资－已完工作实际投资＝1400－1200＝200万元＞0，投资节约200万元。

（2）进度偏差＝已完工作预算投资－计划工作预算投资＝1400－1700＝－300万元＜0，进度延误300万元。

试题六

1.【解题思路】

本题主要考核的是安全文明施工费和签约合同价的计算。

（1）由题干可知，安全文明施工费以分部分项工程费与可计量的措施项目费为计算基数，费率是3%，也即是说，安全文明施工费＝（分部分项工程费＋可计量的措施项目费）×3%。

（2）签约合同价指签订合同时合同协议书中写明的，包括了暂列金额、暂估价的合同总金额。也即是说，签约合同价是签订合同时的工程造价。工程造价由分部分项工程费、措施项目费、其他项目费、规费、税金组成，分部分项工程费、措施项目费、其他项目费包含人工费、材料费、施工机具使用费、企业管理费和利润。由题干可知，可计量措施项目费4500

万元中不包含安全文明施工费，因此计算签约合同价时，应把安全文明施工费加上。

【参考答案】

(1) 该工程的安全文明施工费＝(28150＋4500)×3％＝979.5万元。

(2) 该工程的签约合同价＝分部分项工程费＋可计量的措施项目费＋安全文明施工费＋其他项目费＋规费＋税金＝(28150＋4500＋979.5＋150＋123)×(1＋3.48％)＝35082.307万元。

2.【解题思路】

本题主要考核的是提前竣工（赶工补偿）引起的合同价格调整。

(1) 依据2013计价规范，工程发包时，招标人应当依据相关工程的工期定额合理计算工期，压缩的工期天数不得超过定额工期的20％，将其量化。超过者，应在招标文件中明确表示增加赶工费用。

(2) 赶工费用主要包括：①人工费的增加，例如新增加投入人工的报酬，不经济使用人工的补贴等；②材料费的增加；③机械费的增加。

【参考答案】

(1) 事件1中，施工单位可以提出增加赶工费用。

理由：工程发包时，招标人应当依据相关工程的工期定额合理计算工期，压缩的工期天数不得超过定额工期的20％，将其量化。超过者，应在招标文件中明确表示增加赶工费用。该工程定额工期50个月，建设单位要求的工期是38个月，压缩工期为12个月。因为(50－38)/50×100％＝24％＞20％，因此，施工单位可以提出增加赶工费用。

(2) 赶工费用主要包括：①人工费的增加；②材料费的增加；③机械费的增加。

3.【解题思路】

本题主要考核的是索赔成立的条件。

承包人费用索赔成立的条件（同时满足）：承包人在施工合同约定的期限内提出费用索赔；索赔事件是因非承包人原因造成，不可抗力除外；索赔事件造成承包人直接经济损失。

【参考答案】

(1) 基坑围护工程损失33万元应给予补偿。

理由：土方开挖时遇到未探明的古墓不属于施工单位的责任，由此导致施工单位工程损失33万元，应由建设单位承担。

(2) 工程暂停导致施工机械闲置费用5.7万元应给予补偿。

理由：土方开挖时遇到未探明的古墓不属于施工单位的责任，由此导致施工单位施工机械闲置损失5.7万元，应由建设单位承担。

(3) 受文物保护部门委托进行土方挖掘与清理工作产生的人工和机械费用7.8万元不应给予补偿。

理由：施工单位受文物保护部门委托进行土方挖掘与清理工作，因此产生的人工和机械费用不属于建设单位责任范围，因此，该项费用索赔条件不成立，不应给予补偿。

(4) 项目监理机构应批准的费用补偿总额＝33＋5.7＝38.7万元。

4.【解题思路】

本题主要考核的是分项工程费的构成。

分部分项工程费＝∑（分部分项工程量×综合单价），其中的综合单价包括人工费、材料费、施工机具使用费、企业管理费和利润以及一定范围的风险费用，因此因工程变更而增加的分项工程费＝人工费＋材料费＋施工机具使用费＋企业管理费＋利润。

【参考答案】

事件3中，因工程变更而增加的分项工程费＝（80×180＋160000＋3000×12）÷10000×（1＋20％）×（1＋5％）＋8＋3.5＝38.01万元。

5.**【解题思路】**

本题主要考核的是索赔成立的条件。

承包人费用索赔成立的条件（同时满足）：承包人在施工合同约定的期限内提出费用索赔；索赔事件是因非承包人原因造成，不可抗力除外；索赔事件造成承包人直接经济损失。

【参考答案】

事件4中，项目监理单位不应批准施工单位的费用补偿申请。

理由：当工程材料运至施工现场后，工程材料的堆放、保管以及场内运输都应由施工单位承担。所以工程材料堆放不合理，应当是施工单位的责任，监理单位不应批准费用补偿。

第二部分　权威预测试卷

权威预测试卷（一）

本试卷均为案例分析题，共 6 题，每题 20 分。要求分析合理，结论正确；有计算要求的，应简要写出计算过程。

试　题　一

某工程，实施过程中发生如下事件：

事件 1：总监理工程师组建的项目监理机构组织形式如下图所示。

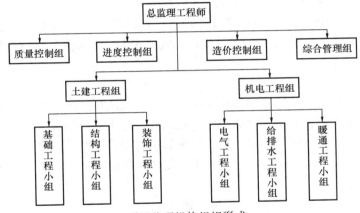

项目监理机构组织形式

事件 2：在第一次工地会议上，总监理工程师提出以下两方面要求，一是签发工程暂停令的情形包括：①建设单位要求暂停施工的；②施工单位拒绝项目监理机构管理的；③施工单位采用不适当的施工工艺或施工不当，造成工程质量不合格的。二是签发监理通知单的情形包括：①施工单位违反工程建设强制性标准的；②施工存在重大质量、安全事故隐患的。

事件 3：专业监理工程师编写的深基坑工程监理实施细则主要内容包括：专业工程特点、监理工作方法及措施。其中，在监理工作方法及措施中提出：①要加强对深基坑工程施工巡视检查；②发现施工单位未按深基坑工程专项施工方案施工的，应立即签发工程暂停令。

事件 4：施工过程中，施工单位对需要见证取样的一批钢筋抽取试样后，报请项目监理机构确认。监理人员确认试样数量后，通知施工单位将试样送到检测单位检验。

问题：

1. 指出图示项目监理机构组织形式属哪种类型？说明其主要优点。

2. 指出事件 2 中签发工程暂停令和监理通知单情形的不妥项，并写出正确做法。

3. 写出事件 3 中监理实施细则还应包括的内容。指出监理工作方法及措施中提到的具体要求是否妥当？并说明理由。

4. 指出事件 4 中施工单位和监理人员的不妥之处，写出正确做法。

试 题 二

政府投资的某工程，某监理单位承担了该工程施工招标代理和施工监理任务，该工程采用无标底公开招标方式选定施工单位。工程实施中发生了下列事件。

事件 1：经评标委员会评审，推荐 A、B、C 投标单位为前 3 名中标候选人。在中标通知书发出前，建设单位要求监理单位分别找 A、B、C 投标单位重新报价，以价格低者为中标单位。按原投标价签订施工合同后，建设单位以中标单位再次新报价签订协议书，作为实际履行合同的依据。监理单位认为建设单位的要求不妥，并提出了不同意见，建设单位最终接受了监理单位的意见，确定 A 投标单位为中标单位。

事件 2：开工前，总监理工程师召开了第一次工地会议，要求 A 单位及时办理施工许可证，并按政府有关规定及时办理施工噪声和环境保护相关手续。

事件 3：开工前，设计单位组织召开了设计交底会。会议结束后，总监理工程师整理了一份《设计修改建议书》，提交给设计单位。

事件 4：施工开始前，A 单位向专业监理工程师报送了《施工测量放线报验表》，并附有测量放线控制成果及保护措施。专业监理工程师复核了控制桩的校核成果和保护措施后，即予以签认。

问题：

1. 事件 1 中，建设单位的要求违反了招标投标有关法规的哪些具体规定？

2. 指出事件 2 中总监理工程师做法的不妥之处，写出正确做法。

3. 指出事件 3 中设计单位和总监理工程师做法的不妥之处，写出正确做法。

4. 事件 4 中，专业监理工程师还应检查、复核哪些内容？

试 题 三

某实施监理的工程项目，监理工程师对施工单位报送的施工组织设计审核时发现两个问题：一是施工单位为方便施工，将设备管道竖井的位置作了移位处理；二是工程的有关试验主要安排在施工单位试验室进行。总监理工程师分析后认为，管道竖井移位方案不会影响工程使用功能和结构安全，因此，签认了该施工组织设计报审表并送达建设单位，同时指示专业监理工程师对施工单位试验室资质等级及其试验范围等进行考核。

项目监理过程中有如下事件：

事件 1：在建设单位主持召开的第一次工地会议上，建设单位介绍工程开工准备工作基本完成，施工许可证正在办理，要求会后就组织开工。总监理工程师认为施工许可证未办理好之前，不宜开工。对此，建设单位代表很不满意，会后建设单位起草了会议纪要，纪要中明确边施工边办理施工许可证，并将此会议纪要送发监理单位、施工单位，要求遵照执行。

事件 2：设备安装施工，要求安装人员有安装资格证书。专业监理工程师检查时发现施工单位安装人员与资格报审名单中的人员不完全相符，其中五名安装人员无安装资格证书，他们已参加并完成了该工程的一项设备安装工作。

事件 3：设备调试时，总监理工程师发现施工单位未按技术规程要求进行调试，存在较大的质量和安全隐患，立即签发了《工程暂停令》，并要求施工单位整改。施工单位用了 2d 时间整改后被指令复工。对此次停工，施工单位向总监理工程师提交了费用索赔和工程延期的申请，强调设备调试为关键工作，停工 2d 导致窝工，建设单位应给予工期顺延和费用补偿，理由是虽然施工单位未按技术规程调试但并未出现质量和安全事故，停工 2d 是监理单位要求的。

问题：

1. 总监理工程师应如何组织审批施工组织设计？总监理工程师对施工单位报送的施工组织设计内容的审批处理是否妥当？说明理由。

2. 专业监理工程师对施工单位试验室除考核资质等级及其试验范围外，还应考核哪些内容？

3. 事件 1 中建设单位在第一次工地会议的做法有哪些不妥？写出正确的做法。

4. 针对事件 2，监理单位应如何处理？

5. 在事件 3 中，总监理工程师的做法是否妥当？施工单位的费用索赔和工程延期要求是否应该被批准？说明理由。

试 题 四

某开发商拟建一城市综合体项目，预计总投资十五亿元。发包方式采用施工总承包，施工单位承担部分垫资，按月度实际完成工作量的 75% 支付工程款，工程质量为合格，保修金为 3%，合同总工期为 32 个月。

某总承包单位对该开发商社会信誉，偿债备付率、利息备付率等偿债能力及其他情况进行了尽职调查。中标后，双方依据《建设工程工程量清单计价规范》GB 50500—2013，对工程量清单编制方法等强制性规定进行了确认，对工程造价进行了全面审核。最终确定有关费用如下：分部分项工程费 82000.00 万元，措施费 20500.00 万元，其他项目费 12800.00 万元，暂列金额 8200.00 万元，规费 2470.00 万元，税金 3750.00 万元。双方依据《建设工程施工合同（示范文本）》GF—2017—0201 签订了工程施工总承包合同。

项目部对基坑围护提出了三个方案：A 方案成本为 8750.00 万元，功能系数为 0.33；B 方案成本为 8640.00 万元，功能系数为 0.35；C 方案成本为 8525.00 万元，功能系数为 0.32。最终运用价值工程方法确定了实施方案。

竣工结算时，总承包单位提出索赔事项如下：（1）特大暴雨造成停工 7 天，开发商要求总承包单位安排 20 人留守现场照管工地，发生费用 5.60 万元。（2）本工程设计采用了某种新材料，总承包单位为此支付给检测单位检验试验费 4.60 万元，要求开发商承担。（3）工程主体完工 3 个月后，总承包单位为配合开发商自行发包的燃气等专业工程施工，脚手架留置比计划延长 2 个月拆除。为此要求开发商支付 2 个月脚手架租赁费 68.00 万元。（4）总承包单位要求开发商按照银行同期同类贷款利率，支付垫资利息 1142.00 万元。

问题：

1. 偿债能力评价还包括哪些指标？

2. 计算本工程签约合同价（单位万元，保留 2 位小数）。双方在工程量清单计价管理中应遵守的强制性规定还有哪些？

3. 列式计算三个基坑围护方案的成本系数、价值系数（保留小数点后 3 位），并确定选择哪个方案。

4. 总承包单位提出的索赔是否成立？并说明理由

试 题 五

某工程，建设单位与施工单位按照《建设工程施工合同（示范文本）》签订了施工承包合同。合同约定：工期6个月；A、B工作所用的材料由建设单位采购；施工期间若遇物价上涨，只对钢材、水泥和集料的价格进行调整，调整依据为工程造价管理部门公布的材料价格指数。

招标文件中的工程量清单所列各项工作的估算工程量和施工单位的报价见下表。该工程的各项工作按最早开始时间安排，按月匀速施工，经总监理工程师批准的施工进度计划如下图所示。

估算工程量和施工单位的报价

工作	A	B	C	D	E	F	G
估算工程量（m³）	2500	3000	4500	2200	2300	2500	2000
报价（元/m³）	100	150	120	180	100	150	200

施工进度计划

施工过程中，发生如下事件：

事件1：施工单位有两台大型机械设备需要进场，施工单位提出应由建设单位支付其进场费，但建设单位不同意另行支付。

事件2：建设单位提供的材料运抵现场后，项目监理机构要求施工单位及时送检，但施工单位称：施工合同专用条款并未对此作出约定，因此，建设单位提供的材料，施工单位没有送检的义务，若一定要施工单位送检，则由建设单位支付材料检测费用。

事件3：当施工进行到第3个月末时，建设单位提出一项设计变更，使D工作的工程量增加2000m³。施工单位调整施工方案后，D工作持续时间延长1个月。从第4个月开始，D工作执行新的全费用综合单价。

事件4：由于施工机械故障，G工作的开始时间推迟了1个月。第6个月恰遇建筑材料价格大幅上涨，造成F、G工作的造价提高，造价管理部门公布的价格指数见下表。施工单位随即向项目监理机构提出了调整F、G工作结算单价的要求。经测算，F、G工作的单价中，钢材、水泥和集料的价格所占比例均分别为25%、35%和10%。

建筑材料价格指数

费用名称	基准月价格指数	结算月价格指数
钢材	105	130
水泥	110	140
集料	100	120

问题：

1. 事件1中，建设单位的做法是否正确？说明理由。

2. 指出事件2中施工单位说法正确和错误之处，分别说明理由。

3. 事件3中，针对施工单位调整施工方案，写出项目监理机构的处理程序。

4. 事件4中，施工单位提出调整F和G工作单价的要求是否合理？说明理由。列式计算应调价工作的新单价。

试 题 六

某部有一大型基础设施项目，除土建工程、安装工程外，尚有一段地基需设置护坡桩加固边坡。业主委托监理单位组织施工招标及承担施工阶段监理。业主采纳了监理单位的建议，确定土建、安装、护坡三个合同分别招标，土建施工采用公开招标，设备安装和护坡桩工程选择另外方式招标，分别选定了三个承包单位。其中，基础工程公司承包护坡桩工程。

护坡桩工程开工前，总监理工程师批准了基础工程公司上报的施工组织设计。开工后，在第一次工地会议上，总监理工程师特别强调了质量控制的两大途径和主要手段。护坡桩的混凝土设计强度为C30。在混凝土护坡桩开始浇筑后，基础工程公司按规定预留了40组混凝土试块，根据其抗压强度试验结果绘制出频数分布表，见下表；频数直方图，如下图所示。

频数分布表

组号	分组区间	频数	频率
1	25.15～26.95	2	0.05
2	26.95～28.75	4	0.10
3	28.75～30.55	8	0.20
4	30.55～32.35	11	0.275
5	32.35～34.15	7	0.175
6	34.15～35.95	5	0.125
7	35.95～37.75	3	0.075

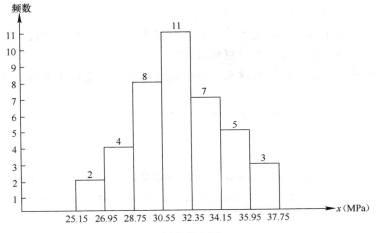

频数直方图

问题:

1. 监理单位为什么建议本项目分别招标?应按什么划分范围分别招标?

2. 这种(分别)招标方式有什么优点?有什么缺点?

3. 对设备安装、护坡桩工程招标应选择什么方式?说明理由?

4. 如已知 C30 混凝土强度质量控制范围取值为:上限 $T_U = 38.2$MPa,下限 $T_L = 24.8$MPa,请在直方图上绘出上限、下限,并对混凝土浇筑质量给予全面评价。

权威预测试卷(一)参考答案

试题一

1. 图示项目监理机构组织形式属于直线职能制,其主要优点包括:直线领导、统一指挥、职责分明、管理专业化。

2. 事件 2 中签发工程暂停令的不妥项及正确做法:

(1) 第①项不妥。

正确做法:建设单位要求暂停施工且工程需要暂停施工的。

(2) 第③项不妥。

正确做法:项目监理机构应签发监理通知单。

事件 2 中签发监理通知单的不妥项及正确做法:

(1) 第①项不妥。

正确做法:应签发工程暂停令。

(2) 第②项不妥。

正确做法:应签发工程暂停令。

3. 事件 3 中监理实施细则还应包括的内容:监理工作流程、监理工作控制要点。

对监理工作方法及措施中提到的具体要求妥当与否的判断及理由:

(1) 第①项妥当。

理由:深基坑工程属危险性较大的分部分项工程。

(2) 第②项不妥。

理由:应签发监理通知单而不是签发工程暂停令。

4. 事件 4 中施工单位和监理人员的不妥之处及正确做法:

(1) 施工单位的不妥之处:施工单位取样后报请项目监理机构确认。

正确做法:应通知监理人员见证现场取样。

(2) 监理人员的不妥之处:监理人员确认试样数量后,通知施工单位将试样送到检测单位检验。

正确做法:应见证施工单位取样、封样和送检。

试题二

1. 事件 1 中,建设单位的要求违反了招标投标有关法规的以下具体规定:

(1) 确定中标人前,招标人不得与投标人就投标价格、投标方案等实质性内容进行谈判。

(2) 招标人与中标人必须按照招标文件和中标人的投标文件订立合同,双方不得再订立背离合同实质性内容的其他协议。

2. 事件 2 中总监理工程师做法的不妥之处以及正确做法如下：

（1）不妥之处：总监理工程师组织召开第一次工地会议。

正确做法：第一次工地会议应由建设单位组织召开。

（2）不妥之处：要求施工单位办理施工许可证。

正确做法：施工许可证应由建设单位办理。

3.（1）事件 3 中设计单位做法的不妥之处：设计单位组织召开设计交底会。

正确做法：设计交底会应由建设单位组织。

（2）事件 3 中总监理工程师做法的不妥之处：总监理工程师直接向设计单位提交《设计修改建议书》。

正确做法：应提交给建设单位，由建设单位交给设计单位。

4. 事件 4 中，专业监理工程师还应检查、复核以下内容：

（1）检查施工单位专职测量人员的岗位证书及测量设备检定证书。

（2）复核（平面和高程）控制网和临时水准点的测量成果。

试题三

1.（1）总监理工程师应按下列程序组织审批施工组织设计：

① 总监理工程师应在约定的时间内，组织专业监理工程师审查，提出意见后，由总监理工程师审核签认。

② 需要承包单位修改时，由总监理工程师签发书面意见，退回承包单位修改后再报审，总监理工程师重新审查。

（2）总监理工程师对施工单位报送的施工组织设计内容的审批处理中，第一个问题的处理不妥，因总监理工程师无权改变设计。第二个问题的处理妥当，属于施工组织设计审查应处理的问题。

2. 专业监理工程师对施工单位试验室除考核资质等级及其试验范围外，还应考核的内容有：

（1）法定计量部门对试验设备出具的计量检定证明；

（2）试验室管理制度；

（3）试验人员资格证书。

3. 第一次工地会议的做法中不妥之处及正确做法如下：

（1）不妥之处：建设单位要求边施工边办许可证。

正确做法：建设单位应在自领取施工许可证起 3 个月内开工。

（2）不妥之处：会后建设单位起草了会议纪要。

正确做法：会议纪要由项目监理机构负责起草。

（3）不妥之处：将会议纪要送发监理单位、施工单位。

正确做法：会议纪要经与会各方代表会签，然后分发给有关单位。

4. 监理单位对事件 2 的处理：（1）监理工程师签发《工程暂停令》，并责令施工企业将 5 名无安装资格证书的安装人员撤出施工现场，并对已完成的设备安装工程进行检验。

（2）若检查验收合格，则由施工企业向项目监理机构提交工程复工报审表；总监理工程师组织检验、验收，符合要求总监理工程师及时签署审批意见，并报建设单位批准后，总监理工程师签发工程复工令。若检查验收不合格，则指令施工企业返工处理。

5. 事件 3 中总监理工程师的做法妥当。

施工单位的费用索赔和工程延期不应该被批准。

理由：该质量和安全隐患是由施工单位未按技术规程的要求进行调试造成的，属于施工单位责任，因此导致的停工损失应由施工单位承担。

试题四

1. 偿债能力评价还包括资产负债率。

2. 本工程签约合同价＝82000＋20500＋12800＋2470＋3750＝121520.00 万元。

双方在工程量清单计价中还应遵守工程量清单的计价方式、使用范围、竞争费用、风险处理、工程量计算规则方面的强制性规定。

3. A 施工方案的成本系数＝8750/(8750＋8640＋8525)＝0.338。

B 施工方案的成本系数＝8640/(8750＋8640＋8525)＝0.333。

C 施工方案的成本系数＝8525/(8750＋8640＋8525)＝0.329。

A 施工方案的价值系数＝0.33/0.338＝0.976。

B 施工方案的价值系数＝0.35/0.333＝1.051。

C 施工方案的价值系数＝0.32/0.329＝0.973。

因 B 施工方案价值系数为 1.051，所以最终选择 B 施工方案。

4. 总承包单位提出的索赔成立与否及理由：

(1) 索赔成立，可获得索赔金额为 5.60 万元；

理由：按照清单计价规范规定，总承包单位留在工地人员是照管工程现场，开发商应予以支付。

(2) 索赔成立，可获得索赔金额为 4.60 万元；

理由：清单计价中计取的检验试验费是对建筑、材料等进行的一般性鉴定，不包括对新结构、新材料的检验试验费。

(3) 索赔成立，可获得索赔金额为 68.00 万元；

理由：在合同中总承包单位计取的是总包管理费，是对工程施工现场协调、管理、竣工资料汇总等所需的费用，并没有计取配合费用。

(4) 索赔不成立，可获得的索赔金额为 0.00 万元；

理由：按照高法司法解释规定，合同对垫资利息没有约定而承包人请求支付利息的，不予支付。

试题五

1. 事件 1 中，建设单位的做法正确。

理由：大型机械设备进场费属于建筑安装工程费用构成中的措施费，已包括在合同价款中。

2. 事件 2 中施工单位说法的正确和错误之处及理由如下：

(1) 事件 2 中施工单位说法正确之处：要求建设单位支付材料检测费用。

理由：发包人供应的材料，其检测费用应由发包人负责。

（2）事件2中施工单位说法错误之处：施工单位没有送检的义务。

理由：不论是发包人供应的材料，还是承包人负责采购的材料，承包人均有送检的义务。

3．事件3中，针对施工单位调整施工方案，项目监理机构的处理程序：施工单位将调整后的施工方案提交项目监理机构，由专业监理工程师审查并签署意见，提交总监理工程师签认后指令施工单位执行。

4．（1）事件4中，施工单位提出调整F工作单价的要求合理。

理由：因符合合同约定：施工期间若遇物价上涨，只对钢材、水泥和集料的价格进行调整，调整依据为工程造价管理部门公布的材料价格指数。

（2）事件4中，施工单位提出调整G工作单价的要求不合理。

理由：G工作的开始时间推迟是由于施工机械故障所致，因此G工作上涨属于施工单位应承担的风险。

（3）F工作的新单价$=150\times(30\%+25\%\times130/105+35\%\times140/110+10\%\times120/100)=176.25$ 元$/\mathrm{m}^3$

试题六

1．因为本项目中安装工程和护坡桩工程专业性强，相对独立，适于分别招标；按专业工程（或按土建、安装、护坡桩三个工程）分别招标。

2．分别招标的优缺点如下：

（1）分别招标的优越性：

① 可发挥专业特长；

② 每个分项合同易于管理和落实。

（2）分别招标的缺点：导致合同管理（或协调）工作量增大。

3．安装工程、护坡桩工程均采用邀请招标方式。

理由：该两项工程专业性较强，符合邀请招标的适用范围。

4．在直方图上绘出的上限、下限及对混凝土浇筑质量的评价如下：

（1）直方图上绘出的上限、下限如下图所示。

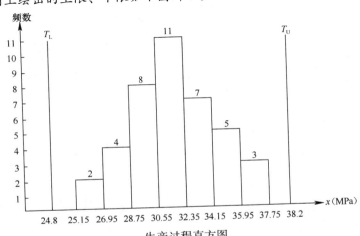

生产过程直方图

（2）根据绘制的直方图，从其整形状看，其中间高、两侧低，左右接近对称属于正常型直方图，表明其质量在受控状态、稳定状态。从其位置上观察（直方图与质量标准比较），B（实际质量特性分布范围）在 T（质量标准要求界限）中间实际数据分布与质量标准相比较两边还有一定余地，说明生产过程处于正常的稳定状态。

权威预测试卷（二）

本试卷均为案例分析题，共 6 题，每题 20 分。要求分析合理，结论正确；有计算要求的，应简要写出计算过程。

试 题 一

某实施监理的工程，建设单位委托监理单位承担施工阶段和工程质量保修期的监理工作，建设单位与施工单位按《建设工程施工合同（示范文本）》签订了施工合同。

基坑支护施工中，项目监理机构发现施工单位采用了一项新技术，未按已批准的施工技术方案施工。项目监理机构认为本工程使用该项新技术存在安全隐患，总监理工程师下达了《工程暂停令》，同时报告了建设单位。施工单位认为该项新技术通过了有关部门的鉴定，不会发生安全问题，仍继续施工。于是项目监理机构报告了建设行政主管部门。施工单位在建设行政主管部门干预下才暂停了施工。

施工单位复工后，就此事引起的损失向项目监理机构提出索赔。建设单位也认为项目监理机构"小题大做"，致使工程延期，要求监理单位对此事承担相应责任。

该工程施工完成后，施工单位按竣工验收有关规定，向建设单位提交了竣工验收报告。建设单位未及时验收，到施工单位提交竣工验收报告后第 45 天时发生台风，致使工程已安装的门窗玻璃部分损坏。建设单位要求施工单位对损坏的门窗玻璃进行无偿修复，施工单位不同意无偿修复。

问题：

1. 在施工阶段施工单位的哪些做法不妥？说明理由。

2. 建设单位的哪些做法不妥？

3. 对施工单位采用新的基坑支护施工方案，项目监理机构还应做哪些工作？

4. 施工单位不同意无偿修复门窗玻璃是否正确？说明理由。工程修复时监理工程师的主要工作内容有哪些？

试 题 二

某工程，甲施工单位按照施工合同约定，拟将 B、F 两项分部工程分别分包给乙、丙施工单位。经总监理工程师批准的施工总进度计划如下图所示，各项工作匀速进展。

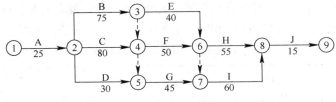

施工总进度计划（单位：d）

工程实施过程中发生以下事件：

事件 1：工程开工前，建设单位未将委托给监理单位的监理内容和权限书面告知甲施工单位。甲施工单位向建设单位提交了乙施工单位分包单位资格报审表及营业执照、企业资质等级证书、安全生产许可文件和分包合同等材料，申请批准乙施工单位进场，建设单位将该报审材料转交给项目监理机构。

事件 2：甲施工单位与乙施工单位签订了 B 分部工程的分包合同。B 分部工程开工 45d 后，建设单位要求设计单位修改设计，造成乙施工单位停工 15d，窝工损失合计 8 万元。修改设计后，B 分部工程价款由原来的 500 万元增加到 560 万元。甲施工单位要求乙施工单位在 30d 内完成剩余工程，乙施工单位向甲施工单位提出补偿 3 万元的赶工费，甲施工单位确认了赶工费补偿。

事件 3：由于事件 2 中 B 分部工程修改设计，乙施工单位向项目监理机构提出工程延期的申请。

事件 4：专业监理工程师巡视时发现，已进场准备安装设备的丙施工单位未经项目监理机构进行资格审核。

问题：

1. 事件 1 中，分别指出建设单位、甲施工单位做法的不妥之处，说明理由。甲施工单位提交的乙施工单位的分包资格材料还应包括哪些内容？

2. 事件 2 中，考虑设计修改和费用补偿，乙施工单位完成 B 分部工程每月（按 30d 计）应获得的工程价款分别为多少万元？B 分部工程的最终合同价款为多少万元？

3. 事件 3 中，乙施工单位的做法有何不妥？写出正确做法。B 分部工程的实际工期是多少天？

4. 事件 3 中，B 分部工程修改设计对 F 分部工程的进度以及对工程总工期有何影响？分别说明理由。

5. 写出项目监理机构对事件 4 的处理程序。

试 题 三

某工程分 A、B 两个监理标段同时进行招标，建设单位规定参与投标的监理单位只能选择 A 或 B 标段进行投标。工程实施过程中，发生如下事件：

事件 1：在监理招标时，建设单位提出：

(1) 投标人必须具有工程所在地域类似工程监理业绩；

(2) 应组织外地投标人考察施工现场；

(3) 投标有效期自投标人送达投标文件之日起算；

(4) 委托监理单位有偿负责外部协调工作。

事件 2：拟投标的某监理单位在进行投标决策时，组织专家及相关人员对 A、B 两个标段进行了比较分析，确定的主要评价指标、相应权重及相对于 A、B 两个标段的竞争力分值见下表。

评价指标、权重及竞争力分值

序号	评价指标	权重	标段的竞争力分值	
			A	B
1	总监理工程师能力	0.25	100	80

序号	评价指标	权重	标段的竞争力分值	
			A	B
2	监理人员配置	0.20	85	100
3	技术管理服务能力	0.20	100	80
4	项目效益	0.15	60	100
5	类似工程监理业绩	0.10	100	70
6	其他条件	0.10	80	60
合计		1.00	—	

事件3：建设单位与A标段中标监理单位按《建设工程监理合同（示范文本）》GF—2012—0202签订了监理合同，并在监理合同专用条件中约定附加工作酬金为20万元/月。监理合同履行过程中，由于建设单位资金未到位致使工程停工，导致监理合同暂停履行，半年后恢复。监理单位暂停履行合同的善后工作时间为1个月，恢复履行的准备工作时间为1个月。

事件4：建设单位与施工单位按《建设工程施工合同（示范文本）》GF—2017—0201签订了施工合同，施工单位按合同约定将土方开挖工程分包，分包单位在土方开挖工程开工前编制了深基坑工程专项施工方案并进行了安全验算，经分包单位技术负责人审核签字后，即报送项目监理机构。

问题：

1. 逐条指出事件1中建设单位的要求是否妥当，并对不妥之处说明理由。

2. 事件2中，根据上表，分别计算A、B两个标段各项评价指标的加权得分及综合竞争力得分，并指出监理单位应优先选择哪个标段投标。

3. 计算事件3中监理单位可获得的附加工作酬金。

4. 指出事件4中有哪些不妥，分别写出正确做法。

试 题 四

某工程，实施过程中发生如下事件：

事件1：总监理工程师对项目监理机构的部分工作做出如下安排：

（1）总监理工程师代表负责审核监理实施细则，进行监理人员的绩效考核，调换不称职监理人员；

（2）专业监理工程师全权处理合同争议和工程索赔。

事件2：施工单位向项目监理机构提交了分包单位资格报审材料，包括：营业执照、特殊行业施工许可证、分包单位业绩及拟分包工程的内容和范围。项目监理机构审核时发现，分包单位资格报审材料不全，要求施工单位补充提交相应材料。

事件3：深基坑分项工程施工前，施工单位项目经理审查该分项工程的专项施工方案后，即向项目监理机构报送，在项目监理机构审批该方案过程中就组织队伍进场施工，并安排质量员兼任安全生产管理员对现场施工安全进行监督。

事件4：项目监理机构在整理归档监理文件资料时，总监理工程师要求将需要归档的监理文件直接移交本监理单位和城建档案管理机构保存。

问题：

1. 事件1中，总监理工程师对工作安排有哪些不妥之处？分别写出正确做法。

2. 事件2中，施工单位还应补充提交哪些材料？

3. 事件3中，施工单位项目经理的做法有哪些不妥之处？分别写出正确做法。

4. 事件4中，指出总监理工程师对监理文件归档要求的不妥之处，写出正确做法。

试 题 五

某工程项目发承包双方签订了工程施工合同，工期5个月，合同约定的工程内容及其价款包括：分部分项工程项目（含单价措施项目）4项。分部分项工程项目费用数据与施工进度计划见下表。总价措施项目费用10万元（其中含安全文明施工费6万元）；暂列金额费用5万元；管理费和利润为不含税人材机费用之和的12%；规费为不含税人材机费用与管理费、利润之和的6%；增值税税率为10%。

分部分项工程项目费用数据与施工进度计划表

名称	工程量	综合单价	费用（万元）	1	2	3	4	5
A	800m³	360元/m³	28.8	▬▬				
B	900m³	420元/m³	37.8		▬▬			
C	1200m³	280元/m³	33.6			▬▬		
D	1000m³	200元/m³	20.0				▬▬	
合计			120.2	注：计划和实际施工进度均为匀速进度				

有关工程价款支付条款如下：

① 开工前，发包人按签约含税合同价（扣除安全文明施工费和暂列金额）的20%作为预付款支付给承包人，预付款在施工期间的第2～5个月平均扣回，同时将安全文明施工费的70%作为提前支付的工程款。

② 分部分项工程项目工程款在施工期间逐月结算支付。

③ 分部分项工程C所需的工程材料C1用量1250m²，承包人的投标报价为60元/m²（不含税）。当工程材料C1的实际采购价格在投标报价的±5%以内时，分部分项工程C的综合单价不予调整；当变动幅度超过该范围时，按超过的部分调整分部分项工程C的综合单价。

④ 除开工前提前支付的安全文明施工费工程款之外的总价措施项目工程款，在施工期间的第1～4个月平均支付。

⑤ 发包人按每次承包人应得工程款的90%支付。

⑥ 竣工验收通过后45d内办理竣工结算，扣除实际工程含税总价款的3%作为工程质量保证金，其余工程款发承包双方一次性结清。

该工程如期开工，施工中发生了经发承包双方确认的下列事项：

① 分部分项工程B的实际施工时间为第2～4月。

② 分部分项工程 C 所需的工程材料 C1 实际采购价格为 70 元/m²（含可抵扣进项税，税率为 3%）。

③ 承包人索赔的含税工程量为 4 万元。

其余工程内容的施工时间和价款均与签约合同相符。

问题：

1. 该工程签约合同价（含税）为多少万元？开工前发包人应支付给承包人的预付款和安全文明施工费工程款分别为多少万元？

2. 第 2 个月，发包人应支付给承包人的工程款为多少万元？截止到第 2 个月末，分部分项工程的拟完工程计划投资、已完工程计划投资分别为多少万元？工程进度偏差为多少万元？并根据计算结果说明进度快慢情况。

3. 分部分项工程 C 的综合单价应调整为多少元/m²？如果除工程材料 C1 外的其他进项税额为 2.8 万元（其中，可抵扣进项税额为 2.1 万元），则分部分项工程 C 的销项税额、可抵扣进税额和应缴纳增值税额分别为多少万元？

4. 该工程实际总造价（含税）比签约合同价（含税）增加（或减少）多少万元？假定在办理竣工结算前发包人已支付给承包人的工程款（不含预付款）累计为 110 万元，则竣工结算时，发包人应支付给承包人的结算尾款为多少万元？

（注：计算结果以元为单位的保留两位小数，以万元为单位的保留三位小数）

试 题 六

某实行监理的工程，建设单位与总承包单位按《建设工程施工合同（示范文本）》签订了施工合同，总承包单位按合同约定将一专业工程分包。施工过程中发生下列事件。

事件 1：工程开工前，总监理工程师在熟悉设计文件时发现部分设计图纸有误，即向建设单位进行了口头汇报。建设单位要求总监理工程师组织召开设计交底会，并向设计单位指出设计图纸中的错误，在会后整理会议纪要。在工程定位放线期间，总监理工程师指派专业监理工程师审查《分包单位资格报审表》及相关资料。

事件 2：由建设单位负责采购的一批材料，因规格、型号与合同约定不符，施工单位不予接收保管，建设单位要求项目监理机构协调处理。

事件 3：专业监理工程师现场巡视时发现，总承包单位在某隐蔽工程施工时，未通知项目监理机构即进行隐蔽。

事件 4：工程完工后，总承包单位在自查自评的基础上填写了《工程竣工报验单》，连同全部竣工资料报送项目监理机构，申请竣工验收。总监理工程师认为施工过程均按要求进行了验收，便签署了《工程竣工报验单》，并向建设单位提交了竣工验收报告和质量评估报告，建设单位收到该报告后，即将工程投入使用。

问题：

1. 分别指出事件 1 中建设单位、总监理工程师的不妥之处，写出正确做法。

2. 事件 1 中，专业监理工程师在审查分包单位的资格时，应审查哪些内容？

3. 针对事件 2，项目监理机构应如何协调处理？

4. 针对事件 3，写出总承包单位的正确做法。

5. 分别指出事件 4 中总监理工程师、建设单位的不妥之处，写出正确做法。

权威预测试卷（二）参考答案

试题一

1. 在施工阶段施工单位做法的不妥之处及其理由如下。

（1）不妥之处：未按已批准的施工技术方案施工。

理由：施工单位应执行已批准的施工技术方案；若采用新技术时，相应的施工技术方案应经项目监理机构审批。

（2）不妥之处：总监理工程师下达《工程暂停令》后，施工单位仍继续施工。

理由：施工单位应当执行总监理工程师下达的《工程暂停令》。

（3）不妥之处：采用的新技术未经项目监理机构审定。

理由：施工单位采用新材料、新工艺、新设备时应经项目监理机构审定后才能采用。

（4）不妥之处：向项目监理机构提出索赔。

理由：工程暂停施工的原因是施工中存在有严重的安全隐患，总监理工程师依据法规有权下达《工程暂停令》，便于消除安全隐患。

2. 建设单位做法的不妥之处：

（1）要求监理单位对工程延期承担相应的责任不妥。

（2）不及时组织竣工验收不妥。

（3）要求施工单位对门窗玻璃进行无偿修复不妥。

3. 对施工单位采用新的基坑支护施工方案，项目监理机构还应做如下工作：

（1）要求施工单位报送审查新技术的施工工艺措施的证明材料；

（2）组织专题论证；

（3）若施工方案可行，总监理工程师签认后执行；

（4）若施工方案不可行，要求施工单位仍按原批准的施工方案执行。

4. 施工单位不同意无偿修复正确。

理由：按照合同约定，建设单位已认可施工单位的竣工验收报告，承担起工程保管的责任，门窗玻璃的损坏是在建设单位的保管期内。

工程修复时监理工程师的主要工作内容：

（1）在门窗玻璃修复中进行监督检查，验收合格后予以签认；

（2）核实工程费用和签署工程款支付证书，并报建设单位。

试题二

1. 事件1中，各单位的不妥之处和理由以及分包资格材料的内容如下：

（1）建设单位做法的不妥之处：工程开工前，建设单位未将委托给监理单位的监理内容和权限书面告知甲施工单位。

理由：我国《建筑法》规定，实施建筑工程监理前，建设单位应当将委托的工程监理单位、监理的内容及监理权限，书面通知被监理的建筑施工企业。

（2）甲施工单位做法的不妥之处：甲施工单位向建设单位提交了乙施工单位分包单位资格报审表及营业执照、企业资质等级证书、安全生产许可文件和分包合同等材料。

理由：甲施工单位选定乙分包单位后，应向监理工程师提交分包单位资质报审表及相关资料。

（3）甲施工单位提交的乙施工单位的分包资格材料还应包括：特殊行业施工许可证、国外（境外）企业在国内承包工程许可证；分包单位的业绩；拟分包工程的内容和范围；专职管理人员和特种作业人员的资格证、上岗证。

2. 关于 B 分部工程的款项如下：

（1）B 分部工程第 1 个月应获得的工程价款：$500/(75/30)=200$ 万元。

B 分部工程第 2 个月应获得的工程价款：$500/(75/15)+8=108$ 万元。

B 分部工程第 3 个月应获得的工程价款：$560-(200+108-8)+3=263$ 万元。

（2）B 分部工程的最终合同价款：$200+108+263=571$ 万元。

3.（1）乙施工单位的做法不妥之处：乙施工单位向项目监理机构提出工程延期的申请。

正确做法：乙施工单位向甲施工单位提出工程延期申请，甲施工单位再向项目监理机构提出工程延期的申请。

（2）B 分部工程的实际工期是 90d。

4. B 分部工程修改设计对 F 分部工程的进度以及对工程总工期影响的判断及理由如下：

（1）B 分部工程修改设计对 F 分部工程进度的影响：使 F 分部工程进度推迟了 10d。

理由：工作 B 为工作 F 的紧前工作，工作 B 的持续时间拖延了 15d，但其自由时差为 5d，就使 F 分部工程进度推迟 10d。

（2）B 分部工程修改设计对工程总工期的影响：使总工期延长 10d。

理由：由于 B 分部工程的修改设计使 F 分部工程进度推迟了 10d，而工作 F 属于关键工作，就使总工期相应延长 10d。

5. 项目监理机构对事件 4 的处理程序如下：

（1）向甲施工单位发出监理工程师通知，要求其报送丙施工单位分包资格材料；

（2）审查所报送的丙施工单位资格材料；若合格，由总监理工程师签认，并通知甲施工单位同意丙施工单位开始设备安装；若不合格，则由总监理工程师通知甲施工单位另行选择分包单位。

试题三

1. 事件 1 中，建设单位的要求是否妥当的判断，不妥之处说明理由：

（1）不妥；理由：不得以特定行政区域的监理业绩限制潜在投标人。

（2）不妥；理由：没有组织所有投标人考察施工现场。

（3）不妥；理由：投标有效期应自投标截止之日起算。

（4）妥当。

2. 事件 2 中：

（1）相对于 A 标段的加权得分：25、17、20、9、10、8；综合评价得分：89。

（2）相对于 B 标段的加权得分：20、20、16、15、7、6；综合评价得分：84。

（3）应优先投标 A 标段。

3. 事件 3 中，附加工作酬金＝（1＋1）×20＝40 万元。

4. 事件 4 中的不妥之处及正确做法如下：

（1）不妥之处：深基坑工程专项施工方案由分包单位技术负责人审核签字后即报送项目监理机构。

正确做法：专项施工方案应经施工单位技术负责人审核签字。

（2）不妥之处：专项施工方案未经专家论证审查。

正确做法：专项施工方案必须经专家论证审查。

（3）不妥之处：分包单位向项目监理机构报送专项施工方案。

正确做法：应由施工单位报送项目监理机构。

<h2 style="text-align:center">试题四</h2>

1. 事件 1 中，总监理工程师对工作安排的不妥之处及正确做法：

（1）不妥之处：总监理工程师代表负责审核监理实施细则。

正确做法：由总监理工程师负责审核监理实施细则。

（2）不妥之处：总监理工程师代表调换不称职监理人员。

正确做法：由总监理工程师进行监理人员的调配，调换不称职的监理人员。

（3）不妥之处：专业监理工程师全权处理合同争议和工程索赔。

正确做法：由总监理工程师负责处理合同争议、处理索赔。

2. 事件 2 中，施工单位还应补充提交的材料：

（1）企业资质等级证书、国外（境外）企业在国内承包工程许可证；

（2）专职管理人员和特种作业人员的资格证、上岗证。

3. 事件 3 中，施工单位项目经理做法的不妥之处及正确做法：

（1）不妥之处：深基坑分项工程施工前，施工单位项目经理审查该分项工程的专项施工方案后，即向项目监理机构报送。

正确做法：报送施工单位技术部门，施工单位技术负责人审查该分项工程的专项施工方案，并附具安全验算结果，施工单位还应当组织专家对该分项工程的专项施工方案进行专家论证、审查后，向项目监理机构报送。

（2）不妥之处：在项目监理机构审批该方案过程中就组织队伍进场施工。

正确做法：专项施工方案经总监理工程师签字后实施。

（3）不妥之处：安排质量员兼任安全生产管理员对现场施工安全进行监督。

正确做法：应该由专职安全生产管理人员进行现场安全监督。

4. 事件 4 中，总监理工程师对监理文件归档要求的不妥之处及正确做法：

不妥之处：将需要归档的监理文件直接移交城建档案管理机构保存。

正确做法：项目监理机构向监理单位移交归档，监理单位将归档的监理文件移交建设单位，由建设单位收集和汇总后，移交城建档案管理机构保存。

<h2 style="text-align:center">试题五</h2>

1. 涉及问题 1 的相关计算如下：

（1）该工程签约合同价（含税）＝（120.2＋10＋5）×（1＋6%）×（1＋10%）＝157.643

万元。

(2) 开工前发包人应支付给承包人的预付款 = $[157.643 - (6+5) \times (1+6\%) \times (1+10\%)] \times 20\% = 28.963$ 万元。

(3) 开工前发包人应支付给承包人的安全文明施工费工程款 = $6 \times 70\% \times (1+6\%) \times (1+10\%) \times 90\% = 4.407$ 万元。

2. 涉及问题2的相关计算如下：

(1) 第2个月发包人应支付给承包人的工程款 = $\{[(28.8/2) + (37.8/3)] \times (1+6\%) \times (1+10\%) + [10 \times (1+6\%) \times (1+10\%) - 6 \times 70\% \times (1+6\%) \times (1+10\%)]/4\} \times 90\% - 28.963/4 = 22.615$ 万元。

【或：第2个月，发包人应支付给承包人分部分项工程费用 = $(28.8/2 + 37.8/3) = 27$ 万元。

措施费 = $(10 - 6 \times 70\%)/4 = 1.45$ 万元。

第2个月发包人应支付给承包人的工程款 = $(27 + 1.45) \times (1+6\%) \times (1+10\%) \times 90\% - 28.963/4 = 22.615$ 万元。】

(2) 截止到第2个月末，分部分项工程中相关计算：

① 拟完工程计划投资 = $(28.8 + 37.8/2) \times (1+6\%) \times (1+10\%) = 55.618$ 万元。

② 已完工程计划投资 = $(28.8 + 37.8/3) \times (1+6\%) \times (1+10\%) = 48.272$ 万元。

③ 进度偏差 = 已完工程计划投资 - 拟完工程计划投资 = $(48.272 - 55.618) = -7.346$ 万元。

④ 因B工作原计划2~3月完成，实际2~4月完成，导致施工进度滞后7.346万元。

3. 涉及问题3的相关计算如下：

(1) 分部分项工程C的综合单价的计算：

① 材料C1实际采购价（不含税）= $70/(1+3\%) = 67.96$ 元/m²，由于 $(67.96 - 60)/60 = 13.27\% > 5\%$，因此调整材料C1综合单价。

② 材料C1的单价可调整额 = $[67.96 - 60 \times (1+5\%)] \times (1+12\%) = 5.56$ 元/m²。

③ 调整的材料C1的综合单价 = $(280 + 5.56 \times 1250/1200) = 285.79$ 元/m²。

(2) 分部分项工程C的销项税额、可抵扣进税额和应缴纳增值税额的计算：

① 分部分项工程C的销项税额 = $285.79 \times 1200/10000 \times (1+6\%) \times 10\% = 3.635$ 万元。

② 分部分项工程C的可抵扣的进项税 = $(2.1 + 67.96 \times 3\% \times 1250/10000) = 2.355$ 万元。

【或：分部分项工程C的可抵扣的进项税额 = $2.1 + (70 - 67.96) \times 1250/10000 = 2.355$ 万元。

分部分项工程C的可抵扣的进项税额 = $2.1 + 70/(1+3\%) \times 3\% \times 1250/10000 = 2.355$ 万元。】

③ 分部分项工程C的应纳增值税额 = $(3.635 - 2.355) = 1.280$ 万元。

4. 涉及问题4的相关计算如下：

(1) 该工程实际总造价（含税）比签约合同价（含税）增加（或减少）的计算：

① 该工程实际总造价 = $(28.8 + 37.8 + 1200 \times 285.79/10000 + 20 + 10) \times (1+6\%) \times (1+10\%) + 4 = 156.623$ 万元。

② 该工程签约合同价 = 157.643 万元。

③ 该工程实际总造价－该工程签约合同价＝(156.623－157.643)＝－1.020 万元，因此，实际总造价(含税)比签约合同价(含税)减少了 1.020 万元。

（2）发包人应支付给承包人的结算尾款＝156.623×(1－3%)－110－28.963＝12.961 万元。

试题六

1. （1）事件 1 中建设单位的不妥之处及正确做法如下：

① 不妥之处：建设单位要求总监理工程师组织召开设计交底会。

正确做法：应由建设单位组织召开设计交底会。

② 不妥之处：建设单位要求总监理工程师向设计单位提出设计图纸中的错误，在会后整理会议纪要。

正确做法：总监理工程师对设计图纸中存在的问题通过建设单位向设计单位提出书面意见和建议；会议纪要应由设计单位负责整理。

（2）事件 1 中总监理工程师的不妥之处及正确做法如下：

① 不妥之处：总监理工程师对发现的设计图纸的错误口头向建设单位汇报。

正确做法：总监理工程师应以书面形式向建设单位汇报发现的图纸错误。

② 不妥之处：在工程定位放线期间指派专业监理工程师审查《分包单位资质报审表》及相关资料。

正确做法：《分包单位资质报审表》及相关资料应在分包工程开工前进行审查。

（3）不妥之处：安排监理员复验原始基准点、基准线和测量控制点。

正确做法：应安排专业监理工程师复验。

2. 事件 1 中，专业监理工程师在审查分包单位的资格时，应审查的内容包括：

（1）分包单位的营业执照、企业资质等级证书、特殊行业施工许可证、国外（境外）企业在国内承包工程许可证；

（2）分包单位的业绩；

（3）拟分包工程的内容和范围；

（4）专职管理人员和特种作业人员的资格证、上岗证。

3. 针对事件 2，项目监理机构应协调施工单位保管该批材料，若经设计单位确认可以使用，则该批材料可用于本工程；若不能使用，应要求退货。

4. 事件 3 中，总承包单位应在隐蔽前 48h 以书面形式通知项目监理机构验收，验收合格后方可隐蔽。若项目监理机构未能在验收前 24h 书面提出延期要求，不进行验收，总承包单位可自行验收。

5. 事件 4 中，总监理工程师、建设单位的不妥之处和正确做法如下：

（1）事件 4 中，总监理工程师的不妥之处：认为施工过程均按要求进行了验收，便签署了竣工报验单，并向建设单位提交了竣工验收报告和质量评估报告。

正确做法：总监理工程师应组织各专业监理工程师审查施工单位报送的相关竣工资料，并对工程质量进行竣工预验收。存在施工质量问题时，应由施工单位及时整改。整改完毕且复验合格后，总监理工程师应签认单位工程竣工验收的相关资料。项目监理机构应编写《工程质量评估报告》，并应经总监理工程师和工程监理单位技术负责人审核签字后报建设单位。由施工单位向建设单位提交工程竣工报告，申请工程竣工验收。

（2）事件4中，建设单位的不妥之处：收到竣工验收报告和质量评估报告后即将工程投入使用。

正确做法：建设单位收到竣工验收报告后，应组织勘察、设计、施工、监理、质量监督机构和其他有关方面的专家组成验收组，对工程进行验收。工程经验收合格后方可投入使用。

权威预测试卷 (三)

本试卷均为案例分析题，共 6 题，每题 20 分。要求分析合理，结论正确；有计算要求的，应简要写出计算过程。

试 题 一

某实施监理的工程，监理合同履行过程中发生以下事件：

事件 1：监理规划中明确的部分工作如下：

(1) 论证工程项目总投资目标；

(2) 制定施工阶段资金使用计划；

(3) 编制由建设单位供应的材料和设备的进场计划；

(4) 审查确认施工分包单位；

(5) 检查施工单位试验室试验设备的计量检定证明；

(6) 协助建设单位确定招标控制价；

(7) 计量已完工程；

(8) 验收隐蔽工程；

(9) 审核工程索赔费用；

(10) 审核施工单位提交的工程结算书；

(11) 参与工程竣工验收；

(12) 办理工程竣工备案。

事件 2：建设单位提出要求：总监理工程师应主持召开第一次工地会议、每周一次的工地例会以及所有专业性监理会议，负责编制各专业监理实施细则，负责工程计量，主持整理监理资料。

事件 3：项目监理机构履行安全生产管理的监理职责，审查了施工单位报送的安全生产相关资料。

事件 4：专业监理工程师发现，施工单位使用的起重机械没有现场安装后的验收合格证明，随即向施工单位发出《监理工程师通知单》。

问题：

1. 针对事件 1 中所列的工作，分别指出哪些属于施工阶段投资控制工作、哪些属于施工阶段质量控制工作；对不属于施工阶段投资、质量控制工作的，分别说明理由。

2. 指出事件 2 中建设单位所提要求的不妥之处，写出正确做法。

3. 事件 3 中，根据《建设工程安全生产管理条例》，项目监理机构应审查施工单位报送资料中的哪些内容？

4. 事件 4 中，《监理工程师通知单》应对施工单位提出哪些要求？

试 题 二

某监理单位承担了一工业项目的施工监理工作。经过招标，建设单位选择了甲、乙施工单位分别承担 A、B 标段工程的施工，并按照《建设工程施工合同（示范文本）》分别和甲、乙施工单位签订了施工合同。建设单位与乙施工单位在合同中约定，B 标段所需的部分设备由建设单位负责采购。乙施工单位按照正常的程序将 B 标段的安装工程分包给丙施工单位。在施工过程中，发生了如下事件：

事件 1：建设单位在采购 B 标段的锅炉设备时，设备生产厂商提出由自己的施工队伍进行安装更能保证质量，建设单位便与设备生产厂商签订了供货和安装合同并通知了监理单位和乙施工单位。

事件 2：总监理工程师根据现场反馈信息及质量记录分析，对 A 标段某部位隐蔽工程的质量有怀疑，随即指令甲施工单位暂停施工，并要求剥离检验。甲施工单位称：该部位隐蔽工程已经专业监理工程师验收，若剥离检验，监理单位需赔偿由此造成的损失并相应延长工期。

事件 3：专业监理工程师对 B 标段进场的配电设备进行检验时，发现由建设单位采购的某设备不合格，建设单位对该设备进行了更换，从而导致丙施工单位停工。因此，丙施工单位致函监理单位，要求补偿其被迫停工所遭受的损失并延长工期。

问题：

1. 请画出建设单位开始设备采购之前该项目各主体之间的合同关系图。

2. 在事件 1 中，建设单位将设备交由厂商安装的做法是否正确？说明理由。

3. 在事件 1 中，若乙施工单位同意由该设备生产厂商的施工队伍安装该设备，监理单位应该如何处理？

4. 在事件 2 中，总监理工程师的做法是否正确？为什么？试分析剥离检验的可能结果及总监理工程师相应的处理方法。

5. 在事件 3 中，丙施工单位的索赔要求是否应该向监理单位提出？为什么？对该索赔事件应如何处理。

试 题 三

某实施监理的工程，甲施工单位选择乙施工单位分包基坑支护及土方开挖工程。

施工过程中发生如下事件：

事件 1：乙施工单位开挖土方时，因雨季下雨导致现场停工 3d，在后续施工中，乙施工单位挖断了一处在建设单位提供的地下管线图中未标明的煤气管道，因抢修导致现场停工 7d。为此，甲施工单位通过项目监理机构向建设单位提出工期延期 10d 和费用补偿 2 万元（合同约定，窝工综合补偿 2000 元/d）的要求。

事件 2：为赶工期，甲施工单位调整了土方开挖方案，并按约定程序进行了报批。总监理工程师在现场发现乙施工单位未按调整后的土方开挖方案施工并造成围护结构变形超限，立即向甲施工单位签发《工程暂停令》，同时报告了建设单位。乙施工单位未执行指令仍继续施工，总监理工程师及时报告了有关主管部门。后因围护结构变形过大引发了基坑局部坍塌事故。

事件 3：甲施工单位凭施工经验，未经安全验算就编制了高大模板工程专项施工方案，经项目经理签字后报总监理工程师审批的同时，就开始搭设高大模板。施工现场安全生产管理人员则由项目总工程师兼任。

事件 4：甲施工单位为便于管理，将施工人员的集体宿舍安排在本工程尚未竣工验收的地下车库内。

问题：

1. 指出事件 1 中挖断煤气管道事故的责任方，说明理由。项目监理机构批准的工程延期和费用补偿各多少？说明理由。

2. 根据《建设工程安全生产管理条例》，分析事件 2 中甲、乙施工单位和监理单位对基坑局部坍塌事故应承担的责任，说明理由。

3. 指出事件 3 中甲施工单位的做法有哪些不妥，写出正确的做法。

4. 指出事件 4 中甲施工单位的做法是否妥当，说明理由。

试 题 四

某工程，实施过程中发生如下事件：

事件 1：开工前，项目监理机构审查施工单位报送的工程开工报审表及相关资料时，总监理工程师要求：首先由专业监理工程师签署审查意见，之后由总监理工程师代表签署审核意见。总监理工程师依据总监理工程师代表签署的同意开工意见，签发了工程开工令。

事件 2：总监理工程师根据监理实施细则对巡视工作进行交底，其中对施工质量巡视提出的要求包括：①检查施工单位是否按批准的施工组织设计、专项施工方案进行施工；②检查施工现场管理人员，特别是施工质量管理人员是否到位。

事件 3：项目监理机构进行桩基混凝土试块抗压强度数据统计分析，出现了如下图所示的四种非正常分布的直方图。

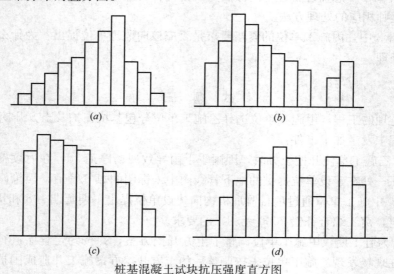

桩基混凝土试块抗压强度直方图

事件 4：工程竣工验收前，总监理工程师要求：①总监理工程师代表组织工程竣工预验收；②专业监理工程师组织编写工程质量评估报告，该报告经总监理工程师审核签字后方可直接报送建设单位。

问题：

1. 指出事件1中总监理工程师做法的不妥之处，写出正确做法。

2. 事件2中，总监理工程师对现场施工质量巡视要求还应包括哪些内容？

3. 分别指出事件3中四种直方图的类型，并说明其形成的主要原因。

4. 指出事件4中总监理工程师要求的不妥之处，写出正确做法。

试 题 五

某实施监理的工程，建设单位与施工单位按照《建设工程施工合同（示范文本）》签订了施工合同。项目监理机构批准的施工进度计划如下图所示，各项工作均按最早开始时间安排，匀速进行。

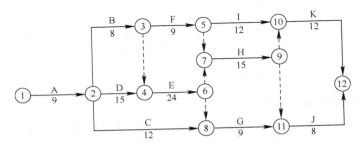

施工进度计划图（单位：d）

施工过程中发生如下事件：

事件1：施工准备期间，由于施工设备未按期进场，施工单位在合同约定的开工日前第5天向项目经理机构提出延期开工的申请，总监理工程师审核后给予书面回复。

事件2：施工准备完毕后，项目监理机构审查《工程开工报审表》及相关资料后认为：施工许可证已获政府主管部门批准，征地拆迁工作满足工程进度需求，施工单位现场管理人员已到位，但其他开工条件尚不具备。总监理工程师不予签发《工程开工报审表》。

事件3：工程开工后第20天下班时刻，项目监理机构确认：A、B工作已完成；C工作已完成6d的工作量；D工作已完成5d的工作量；B工作未经监理人员验收的情况下，F工作已进行1d。

问题：

1. 总监理工程师是否应批准事件1中施工单位提出的延期开工申请？说明理由。

2. 根据《建设工程监理规范》GB/T 50319—2013，该工程还应具备哪些开工条件，总监理工程师方可签发《工程开工报审表》？

3. 针对上图所示的施工进度计划，确定该施工进度计划的工期和关键工作。并分别计算C工作、D工作、F工作的总时差和自由时差。

4. 分析开工后第20天下班时刻施工进度计划的执行情况，并分别说明对总工期及紧后工作的影响，此时，预计总工期延长多少天？

5. 针对事件3中F工作在B工作未经验收的情况下就开工的情形，项目监理机构应如何处理？

试 题 六

某工程项目，发包人和承包人按工程量清单计价方式和《建设工程施工合同（示范文本）》GF—2017—0201 签订了施工合同，合同工期 180d。合同约定：措施费按分部分项工程费的 25% 计取；管理费和利润为人材机费用之和的 16%，规费和税金为人材机费用、管理费与利润之和的 13%。

开工前，承包人编制并经项目监理机构批准的施工网络进度计划如下图所示。

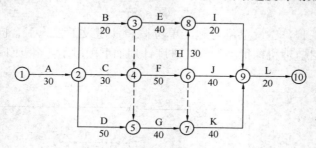

施工网络进度计划（单位：d）

实施过程中发生了如下事件：

事件 1：基坑开挖（A 工作）施工过程中，承包人发现基坑开挖部位有一处地勘资料中未标出的地下砖砌废井构筑物，经发包人与有关单位确认，该井内没有任何杂物，已经废弃。经发包人、承包人和监理单位共同确认，废井外围尺寸为：长×宽×深＝3m×2.1m×12m，井壁厚度为 0.49m，无底、无盖，井口简易覆盖（不计覆盖物工程量）。该构筑物位于基底标高以上部位，拆除不会对地基构成影响，三方签署了《现场签证单》。基坑开挖工期延长 5d。

事件 2：发包人负责采购的部分装配式混凝土构件提前一个月运抵合同约定的施工现场，承包人会同监理单位共同清点验收后存放在施工现场。为了节约施工场地，承包人将上述构件集中堆放，由于堆放层数过多，致使下层部分构件产生裂缝。两个月后，发包人在承包人准备安装该批构件时知悉此事，遂要求承包人对构件进行检测并赔偿构件损坏的损失。承包人提出，部分构件损坏是由于发包人提前运抵现场占用施工场地所致，不同意进行检测和承担损失，而要求发包人额外增加支付两个月的构件保管费用。发包人仅同意额外增加支付一个月的保管费用。

事件 3：原设计 J 工作分项估算工程量为 400m³，由于发包人提出新的使用功能要求，进行了设计变更。该变更增加了该分项工程量 200m³。已知 J 工作人料机费用为 360 元/m³，合同约定超过原估算工程量 15% 以上部分综合单价调整系数为 0.9；变更前后 J 工作的施工方法和施工效率保持不变。

问题：

1. 事件 1 中，若基坑开挖土方的综合单价为 28 元/m³，砖砌废井拆除人材机单价 169 元/m³（包括拆除、控制现场扬尘、清理、弃渣场内外运输），其他计价原则按原合同约定执行。计算承包人可向发包人主张的工程索赔款。

2. 事件 2 中，分别指出承包人不同意进行检测和承担损失的做法是否正确？并说明理由。发包人仅同意额外增加支付一个月的构件保管费是否正确？并说明理由。

3. 事件 3 中，计算承包人可以索赔的工程款为多少元？

4. 承包人可以得到的工期索赔合计为多少天（写出分析过程）？

（计算结果保留两位小数）

权威预测试卷（三）参考答案

试题一

1. 属于施工阶段投资控制工作的有：（2）、（7）、（9）、（10）；

属于施工阶段质量控制工作的有：（4）、（5）、（8）、（11）。

不属于施工阶段投资、质量控制工作：（1），理由：属于前期决策阶段工作内容；（3），理由：属于施工阶段进度控制工作内容；（6），理由：属于施工招标阶段的工作；（12），理由：属于建设单位工作内容。

2. 事件 2 中的不妥之处及正确做法：

（1）不妥之处：总监理工程师应主持召开第一次工地会议。

正确做法：第一次工地会议应由建设单位主持召开。

（2）不妥之处：总监理工程师负责编制各专业监理实施细则。

正确做法：监理实施细则由专业监理工程师编写，经总监理工程师批准。

（3）不妥之处：总监理工程师负责工程计量。

正确做法：由专业监理工程师负责本专业的工程计量工作。

（4）不妥之处：总监理工程师应主持召开所有专业性监理会议。

正确做法：可根据需要，分别由总监理工程师或专业监理工程师主持召开专业性监理会议。

3. 根据《建设工程安全生产管理条例》，项目监理机构应审查施工单位报送的施工组织设计中的安全技术措施、安全专项施工方案是否符合工程建设强制性标准要求。

4.《监理工程师通知单》应对施工单位提出下列要求：

（1）指令施工单位停止使用该起重机械。

（2）由施工单位组织相关单位共同验收。

试题二

1. 建设单位开始设备采购之前该项目各主体之间的合同关系图，如下图所示。

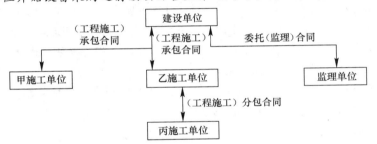

设备采购之前该项目各主体之间的合同关系图

2. 事件1中，建设单位将设备交由厂商安装的做法不正确。

理由：建设单位在与乙施工单位签订了B标段工程施工与安装的合同后，在采购B标段所需的部分设备时，又与设备生产厂商签订了供货和安装合同，建设单位与设备生产厂商签订的供货和安装合同违反了与乙施工单位签订的施工合同的约定，其做法属于违约行为。

3. 在事件1中，若乙施工单位同意由该设备生产厂商的施工队伍安装该设备，监理单位应该对厂商的资质进行审查。若符合要求，可以由该厂安装。如乙单位接受该厂作为其分包单位，监理单位应协助建设单位变更与设备厂的合同，如乙单位接受厂商直接从建设单位承包，监理单位应该协助建设单位变更与乙单位的合同；如不符合要求，监理单位应该拒绝由该厂商施工。

4. （1）在事件2中，总监理工程师的做法是正确的。

理由：无论工程师是否参加了验收，当工程师对某部分的工程质量有怀疑，均可要求施工单位对已经隐蔽的工程进行重新检验。

（2）剥离检验的可能结果及总监理工程师相应的处理方法：重新检验质量合格，建设单位承担由此发生的全部追加合同价款，赔偿施工单位的损失，并相应顺延工期；检验不合格，施工单位承担发生的全部费用，工期不予顺延。

5. 对事件3中丙施工单位的判断和对该索赔事件的处理如下：

（1）在事件3中，丙施工单位的索赔要求不应该向监理单位提出，因为建设单位和丙施工单位没有合同关系。

（2）该索赔事件的处理方法：

① 丙向乙提出索赔，乙向监理单位提出索赔意向书；

② 监理单位收集与索赔有关的资料；

③ 监理单位受理乙单位提交的索赔意向书；

④ 总监理工程师对索赔申请进行审查，初步确定费用额度和工程延期时间，与乙施工单位和建设单位协商；

⑤ 总监理工程师对索赔费用和工程延期作出决定；

⑥ 按时通知乙施工单位复工。

试题三

1. 事件1中事故的责任方和监理机构批准的工程延期和费用补偿如下：

（1）事件1中挖断煤气管道事故的责任方为建设单位。

理由：按照《建设工程施工合同（示范文本）》的规定，地下埋藏物是施工单位在投标阶段不可能合理考察和预见的情况，建设单位应提供施工现场地下埋藏物的有关详细资料。因此，施工单位挖断建设单位未提供地下管图的煤气管道，损失责任应由建设单位承担。

（2）项目监理机构批准的工程延期为7d。

理由：雨季下雨停工3d不予批准延期，只批准因抢修导致现场停工7d的工期延期。

（3）项目监理机构批准的费用补偿为14000元。

理由：费用补偿＝7×2000＝14000元。

2. 根据《建设工程安全生产管理条例》，事件2中甲、乙施工单位和监理单位对基坑局部坍塌事故应承担的责任及理由如下：

（1）甲施工单位和乙施工单位对事故承担连带责任，由乙施工单位承担主要责任。

理由：甲施工单位属于总承包单位，乙施工单位属于分包单位，他们对分包工程的安全生产承担连带责任；分包单位不服从管理导致的生产安全事故的，由分包单位承担主要责任。

（2）监理单位对本次安全生产事故不承担责任。

理由：监理单位在现场对乙施工单位未按调整后的土方开挖方案施工的行为及时向甲施工单位签发《工程暂停令》，同时报告了建设单位，已履行了应尽的职责。按照《建设工程安全生产管理条例》和合同约定，对本次安全生产事故不承担责任。

3. 事件3中甲施工单位做法的不妥以及正确做法如下：

（1）不妥之处：甲施工单位凭施工经验，未经安全验算编制高大模板工程专项施工方案。

正确做法：对模板工程应编制专项施工方案，且有详细的安全验算书。

（2）不妥之处：专项施工方案仅经项目经理签字后报总监理工程师审批。

正确做法：专项施工方案经甲施工单位技术负责人审查签字后报总监理工程师审批。

（3）不妥之处：高大模板工程施工方案未经专家论证、评审。

正确做法：应由甲施工单位组织专家进行论证和评审。

（4）不妥之处：甲施工单位在专项施工方案报批的同时开始搭设高大模板。

正确做法：按照合同的规定的管理程序，施工组织设计和专项施工方案应经总监理工程师签字后才可以实施。

（5）不妥之处：施工现场安全生产管理人员由项目总工程师兼任。

正确做法：应该由专职安全生产管理人员进行现场监督。

4. 事件4中甲施工单位的做法不妥。

理由：《建设工程安全生产管理条例》明确规定，施工单位不得在尚未竣工的建筑物内设置员工集体宿舍。

试题四

1. 事件1中总监理工程师做法的不妥之处及正确做法：

（1）不妥之处：安排总监理工程师代表在工程开工报审表上签署审核意见。

正确做法：总监理工程师应签署审核意见。

（2）不妥之处：总监理工程师依据总监理工程师代表签署的同意开工意见，签发了工程开工令。

正确做法：总监理工程师应将工程开工报审表报建设单位批准后，再签发工程开工令。

2. 事件2中，总监理工程师对现场施工质量巡视要求还应包括的内容：

（1）施工单位是否按工程设计文件及工程建设标准施工。

（2）使用的工程材料、构配件和设备是否合格。

（3）特种作业人员是否持证上岗。

3. 事件3中四种直方图的类型及其形成的主要原因：

（1）(a) 属于缓坡型。

形成原因：操作中对上限控制太严造成的。

（2）(b) 属于孤岛型。

形成原因：原材料发生变化，或者临时他人顶班作业造成的。

（3）（c）属于绝壁型。

形成原因：数据收集不正常，可能有意识地去掉下限以下的数据，或是在检测过程中存在某种人为因素所造成的。

（4）（d）属于双峰型。

形成原因：用两种不同方法或两台设备或两组工人进行生产，然后把两方面数据混在一起整理产生的。

4. 事件4中总监理工程师要求的不妥之处及正确做法：

（1）不妥之处：要求总监理工程师代表组织工程竣工预验收。

正确做法：总监理工程师应组织竣工预验收。

（2）不妥之处：要求专业监理工程师组织编写工程质量评估报告。

正确做法：工程竣工预验收合格后，由总监理工程师组织专业监理工程师编制工程质量评估报告。

（3）不妥之处：要求工程质量评估报告经总监理工程师审核签字后直接报建设单位。

正确做法：工程质量评估报告编制完成后，由项目总监理工程师及监理单位技术负责人审核签认并加盖监理单位公章后报建设单位。

试题五

1. 事件1中，总监理工程师不应批准施工单位提出的延期开工申请。

理由：（1）施工单位自身原因不能按期开工。（2）根据《建设工程施工合同（规范文本）》规定，如果承包人不能按时开工，应在不迟于协议约定的开工日期前7d以书面形式向监理工程师提出延期开工的理由和要求，本案例是提前了5d，不符合规定，所以不应批准。

2. 根据《建设工程监理规范》GB/T 50319—2013，该工程还应具备以下开工条件，总监理工程师方可签发《工程开工报审表》：

（1）施工组织设计已获总监理工程师批准；

（2）机具、施工人员已进场；

（3）前期施工需要的主要工程材料已落实；

（4）进场道路及水、电、通信等已满足开工要求。

3. 该施工进度计划的工期75d，关键工作为A、D、E、H、K。

C工作自由时差＝9＋15＋24－9－12＝27d，总时差＝75－9－12－9－8＝37d。

D工作为关键工作，因此，自由时差为0，总时差为0。

F工作的自由时差＝26－9－8－9＝0，总时差＝75－9－9－9－15－12＝21d。

4. A工作已完成，对总工期及紧后工作无影响。

B工作已完成，对总工期及紧后工作无影响。

C工作已完成6d的工作量，拖延了5d，拖延的时间既没有超过总时差，也没有超过自由时差，对总工期及紧后工作的最早开始时间无影响。

D工作已完成5d的工作量，拖延了6d，D工作为关键线路，预计会使总工期延长6d，影响紧后工作的最早开始时间6d。

F工作推迟1d，不影响总工期，影响紧后工作的最早开始时间1d。

施工总工期延长1d。

5. 事件3中，B工作的完成是F工作开始的前提。项目监理机构应就B工作未经验收的情况下就开始F工作施工的情况，下达F工作的《工程暂停令》，要求施工单位先对完成的B工作进行报验。

试题六

1. 承包人可向发包人主张的工程索赔款计算如下：

(1) 因废井减少开挖土方体积$=3\times2.1\times12=75.6m^3$。

(2) 废井拆除体积$=75.6-(3-0.49\times2)\times(2.1-0.49\times2)\times12=48.45m^3$。

(3) 工程索赔$=169\times48.45\times(1+16\%)\times(1+13\%)\times(1+25\%)-28\times75.6\times(1+13\%)\times(1+25\%)=10426.14$元。

2. 事件2中，承包人不同意进行检测和承担损失的做法是否正确的判断及理由如下：

(1) 承包人不同意进行检测的做法是不正确的。

理由：承包人会同监理单位共同清点验收后存放在施工现场。为了节约施工场地，承包人将上述构件集中堆放，由于堆放层数过多，致使下层部分构件产生裂缝。施工场地下层部分构件产生裂缝是由于承包人存储不当造成的，并且双方签订的合同价中包括了检验试验费，因此承包人应当同意进行检测。

(2) 承包人不同意承担损失的做法是不正确的。

理由：由于承包人存储不当造成施工场地下层部分构件产生裂缝，是承包人原因导致的构件破损，因此承包人承担对应的损失。

事件2中，发包人仅同意额外增加支付一个月的构件保管费是否正确的判断及理由如下：

发包人仅同意额外增加支付一个月的构件保管费是正确的。

理由：发包人负责采购的混凝土构件提前一个月运抵施工现场，承包人多承担了一个月的保管费用，因此仅支付一个月的保管费即可。

3. J工作增加了该分项工程量$200m^3$，工程量变动率$=200/400\times100\%=50\%>15\%$，超出部分的综合单价应进行调整。

可以索赔的工程款$=[400\times15\%\times360+(200-400\times15\%)\times360\times0.9]\times(1+16\%)\times(1+13\%)\times(1+25\%)=109713.96$元。

4. 承包人可以得到的工期索赔合计为15d。

事件1：基坑开挖（A工作）在关键线路，且承包人发现的废井是在基坑开挖部位，地勘资料并未标明的构筑物，属于发包人原因造成的，是发包人应承担的责任，因此工期延长5d，索赔成立。

事件3中：原关键线路是A→D→G→K→L，J工作有10d的总时差。按原合同，J工作工程量$400m^3$，工期是40d；变更前后J工作的施工方法和施工效率保持不变。则J工作增加工程量$200m^3$，所需的工期是$200m^3/(400m^3/40d)=20d$，超过了J工作的总时差10d，则J工作可索赔的工期$=20-10=10d$。

故承包人可以得到的工期索赔合计：$10+5=15d$。

权威预测试卷（四）

本试卷均为案例分析题，共 6 题，每题 20 分。要求分析合理，结论正确；有计算要求的，应简要写出计算过程。

试 题 一

某工程监理合同签订后，监理单位负责人对该项目监理工作提出以下 5 点要求：

（1）监理合同签订后的 30d 内应将项目监理机构的组织形式、人员构成及总监理工程师的任命书面通知建设单位；

（2）监理规划的编制要依据：建设工程的相关法律、法规，项目审批文件、有关建设工程项目的标准、设计文件、技术资料，监理大纲、委托监理合同文件和施工组织设计；

（3）监理规划中不需编制有关安全生产监理的内容，但需针对危险性较大的分部分项工程编制监理实施细则；

（4）总监理工程师代表应在第一次工地会议上介绍监理规划的主要内容，如建设单位未提出意见，该监理规划经总监理工程师批准后可直接报送建设单位；

（5）如建设单位设计方案有重大修改，施工组织设计、方案等发生变化，总监理工程师代表应及时主持修订监理规划的内容，并组织修订相应的监理实施细则。

总监理工程师提出了建立项目监理组织机构的步骤（如下图所示），并委托给总监理工程师代表以下工作：①确定项目监理机构人员岗位职责，主持编制监理规划；②签发《工程款支付证书》，调解建设单位与承包单位的合同争议。

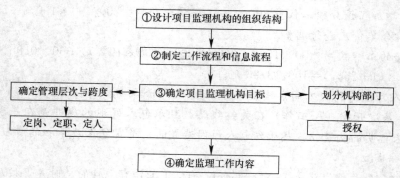

建立项目监理组织机构步骤

问题：

1. 指出监理单位负责人所提要求中的不妥之处，写出正确做法。

2. 写出背景材料图中①～④项工作的正确步骤。

3. 指出总监理工程师委托给总监理工程师代表工作的不妥之处，写出正确做法。

试 题 二

政府投资建设的某工程，施工合同约定：生产设备由建设单位直接向设备制造厂商采购；幕墙工程属于依法必须招标的暂估价分包项目，由施工合同双方共同招标确定专业分包单位；材料费中应包含技术保密费、专利费、技术资料费等。

工程实施过程中发生如下事件：

事件1：进行挖孔桩检测时，项目监理机构发现部分桩的实际承载力达不到设计要求。经查，确认是因地质勘察资料有误所致，施工单位按程序对这些桩进行了相应技术处理，并提出工期和费用索赔申请。

事件2：施工过程中，施工单位按合同约定使用其拥有专利的新材料前，项目监理机构要求对新材料的验收标准组织专家论证。结算工程款时，施工单位要求建设单位支付新材料专利使用费。

事件3：生产设备安装完毕后进行的单机无负荷试车不满足验收要求，经查，设备本身存在缺陷，须更换设备零部件。施工单位按约定程序向项目监理机构提出了零部件拆除、重新购置和重新安装的费用索赔申请。施工合同中约定施工单位负责到场生产设备的清点、验收和接收，为此，建设单位建议施工单位直接向设备制造厂商提出费用索赔申请。

事件4：幕墙分包工程招标工作启动前，施工单位向项目监理机构提交的施工招标方案提出：①采用议标方式招标；②投标单位应有安全生产许可证和满足分包工程试验检测资质要求的自有试验室；③由中标单位与施工单位双方签订分包合同；④中标单位如不服从施工单位管理导致生产安全事故发生的，应承担主要责任。

问题：

1. 针对事件1，写出项目监理机构对部分桩的实际承载力达不到设计要求时的处理程序。

2. 事件1中，施工单位提出的工期和费用索赔是否成立？说明理由。

3. 事件2中，新材料验收标准应由哪家单位组织专家论证？指出施工单位要求支付新材料专利使用费是否成立？并说明理由。

4. 事件3中，施工单位提出的费用索赔申请中哪些可以获得批准？施工单位是否应采纳建设单位的建议？说明理由。

5. 指出事件4中招标方案的不妥之处，并说明理由。

试 题 三

沿海地区某群体住宅工程，包含整体地下室、8栋住宅楼、1栋物业配套楼以及小区公共区域园林绿化等，业态丰富、体量较大，工期暂定3.5年。招标文件约定：采用工程量清单计价模式，要求投标单位充分考虑风险，特别是通用措施费用项目均应以有竞争力的报价投标，最终按固定总价签订施工合同。

招标过程中，投标单位针对招标文件不妥之处向建设单位申请答疑，建设单位修订招标文件后履行完招标流程，最终确定施工单位A中标，并参照《建设工程施工合同（示范文本）》GF—2017—0201与A单位签订施工承包合同。

施工合同中允许总承包单位自行合法分包，A单位将物业配套楼整体分包给B单位、公共区域园林绿化分包给 C 单位（该单位未在施工现场设立项目管理机构，委托劳务队伍进行施工）、自行施工的 8 栋住宅楼的主体结构工程劳务（含钢筋、混凝土主材与模架等周转材料）分包给 D 单位，上述单位均具备相应施工资质。地方建设行政主管部门在例行检查时提出不符合《建筑工程施工转包违法分包等违法行为认定查处管理办法》（建市〔2014〕118 号）相关规定要求整改。

在施工过程中，当地遭遇罕见强台风，导致项目发生如下情况：①整体中断施工 24 天；②施工人员大量窝工，发生窝工费用 88.4 万元；③工程清理及修复发生费用 30.7 万元；④为提高后续抗台风能力，部分设计进行变更，经估算涉及费用 22.5 万元，该变更不影响总工期。A 单位针对上述情况均按合规程序向建设单位提出索赔，建设单位认为上述事项全部由罕见强台风导致，非建设单位过错，应属于总价合同模式下施工单位应承担的风险，均不予同意。

问题：

1. 指出本工程招标文件中的不妥之处，并写出相应的正确做法。

2. 根据工程量清单计价原则，通用措施费用项目有哪些（至少列出 6 项）？

3. 根据《建筑工程施工转包违法分包等违法行为认定查处管理办法》（建市〔2014〕118 号），上述分包行为中哪些属于违法行为？并说明相应理由。

4. 针对 A 单位提出的四项索赔，分别判断是否成立。

试 题 四

某实施监理的工程，工程实施过程中发生以下事件：

事件 1：甲施工单位将其编制的施工组织设计报送建设单位。建设单位考虑到工程的复杂性，要求项目监理机构审核该施工组织设计；施工组织设计经监理单位技术负责人审核签字后，通过专业监理工程师转交给甲施工单位。

事件 2：甲施工单位依据施工合同将深基坑开挖工程分包给乙施工单位，乙施工单位将其编制的深基坑支护专项施工方案报送项目监理机构，专业监理工程师接收并审核批准了该方案。

事件 3：主体工程施工过程中，因不可抗力造成了损失。甲施工单位及时向项目监理机构提出索赔申请，并附有相关证明材料，要求补偿的经济损失如下：

（1）在建工程损失 26 万元；

（2）施工单位受伤人员医药费、补偿金 4.5 万元；

（3）施工机具损坏损失 12 万元；

（4）施工机械闲置、施工人员窝工损失 5.6 万元；

（5）工程清理、修复费用 3.5 万元。

事件 4：甲施工单位组织工程竣工预验收后，向项目监理机构提交了工程竣工报验单。项目监理机构组织工程竣工验收后，向建设单位提交了工程质量评估报告。

问题：

1. 指出事件 1 中的不妥之处，写出正确做法。

2. 指出事件 2 中专业监理工程师做法的不妥之处，写出正确做法。

3. 逐项分析事件 3 中的经济损失是否应补偿给甲施工单位，分别说明理由。项目监理机构应批准的补偿金额为多少万元？

4. 指出事件 4 中的不妥之处，写出正确做法。

试 题 五

某办公楼工程，框架结构，钻孔灌注桩基础，地下 1 层，地上 20 层，总建筑面积 25000m²，其中地下建筑面积 3000m²。施工单位中标后与建设单位签订了施工承包合同，合同约定："…至 2014 年 6 月 15 日竣工，工期目标 470 日历天；质量目标合格；主要材料由施工单位自行采购；因建设单位原因导致工期延误，工期顺延，每延误一天支付施工单位 10000 元/天的延误费…"。合同签订后，施工单位实施了项目进度策划，其中上部标准层结构工序安排如下：

上部标准层结构工序安排表

工作内容	施工准备	模板支撑体系搭设	模板支设	钢筋加工	钢筋绑扎	管线预埋	混凝土浇筑
工序编号	A	B	C	D	E	F	G
时间（天）	1	2	2	2	2	1	1
紧后工序	B、D	C、F	E	E	G	G	—

桩基施工时遇地下溶洞（地质勘探未探明），由此造成工期延误 20 日历天。施工单位向监理单位提交索赔报告，要求延长工期 20 日历天，补偿误工费 20 万元。

地下室结构完成，施工单位自检合格后，项目负责人立即组织总监理工程师及建设单位、勘察单位、设计单位项目负责人进行地基基础分部验收。

施工至十层结构时，因商品混凝土供应迟缓，延误工期 10 日历天。施工至二十层结构时，建设单位要求将该层进行结构变更，又延误工期 15 日历天。施工单位向监理单位提交索赔报告，要求延长工期 25 日历天，补偿误工费 25 万元。

装饰装修阶段，施工单位采取编制进度控制流程、建立协调机制等措施，保证合同约定工期目标的实现。

问题：

1. 根据上部标准层结构工序安排表绘制出双代号网络图，找出关键线路，并计算上部标准层结构每层工期是多少日历天？

2. 本工程地基基础分部工程的验收程序有哪些不妥之处？并说明理由。

3. 除采取组织措施外，施工进度控制措施还有哪几种措施？

4. 施工单位索赔成立的工期和费用是多少？逐一说明理由。

试 题 六

某工程，建设单位委托监理单位实施施工阶段监理，按照施工总承包合同约定，建设单位负责空调设备和部分工程材料的采购，施工总承包单位选择桩基施工和设备安装两家分包单位。在施工过程中，发生如下事件：

事件 1：在桩基施工时，专业监理工程师发现桩基施工单位与原申报批准的桩基施工分包单位不一致。经调查，施工总承包单位为保证施工进度，擅自增加了一家桩基施工分包单位。

事件 2：专业监理工程师对使用商品混凝土的现浇结构验收时，发现施工现场混凝土试块的强度不合格，拒绝签字。施工单位认为，建设单位提供的商品混凝土质量存在问题；建设单位认为，商品混凝土质量证明资料表明混凝土质量没有问题。经法定检测机构对现浇结构的实体进行检测，结果为商品混凝土质量不合格。

事件 3：空调设备安装前，监理人员发现建设单位与空调设备供应单位签订的合同中包括该设备的安装工作。经了解，由于建设单位认为供货单位具备设备安装资质且能提供更好的服务，所以在直接征得设备安装分包单位书面同意后，与设备供应单位签订了供货和安装合同。

事件 4：在给水管道验收时，专业监理工程师发现部分管道渗漏。经检查，是由于设备安装单位使用的密封材料存在质量缺陷所致。

问题：

1. 写出项目监理机构对事件 1 的处理程序。

2. 针对事件 2 中现浇结构的质量问题，建设单位、监理单位和施工总承包单位是否应承担责任？说明理由。

3. 事件 3 中，分别指出建设单位和设备安装分包单位做法的不妥之处，说明理由，写出正确做法。

4. 写出专业监理工程师对事件 4 中质量缺陷的处理程序。

权威预测试卷（四）参考答案

试题一

1. 监理单位负责人所提要求中的不妥之处及正确做法如下：

（1）不妥之处：监理合同签订后 30d 内应将项目监理机构的组织形式、人员构成及总监理工程师的任命书面通知建设单位。

正确做法：应在监理合同签订后 10d 内将项目监理机构的组织形式、人员构成及总监理工程师的任命书面通知建设单位。

（2）不妥之处：监理规划的编制依据包括施工组织设计。

正确做法：施工组织设计是编制监理实施细则的依据之一。监理规划的编制依据包括背景资料中的内容和与建设工程项目相关的合同文件。

（3）不妥之处：监理规划中不需编制有关安全生产监理的内容。

正确做法：监理规划中应该编制含有安全生产监理的内容。

（4）不妥之处：总监理工程师代表在第一次工地会议上介绍监理规划的内容。

正确做法：应由总监理工程师在第一次工地会议上介绍监理规划的内容。

（5）不妥之处：监理规划经总监理工程师批准后可直接报送建设单位。

正确做法：监理规划完成后必须经监理单位技术负责人审核批准，并应在召开第一次工地会议前报送建设单位。

（6）不妥之处：总监理工程师代表应及时主持修订监理规划的内容。

正确做法：修订监理规划应由总监理工程师主持。

2. 背景材料图中①～④项工作的正确步骤：③→④→①→②。

3. 总监理工程师做法的不妥之处如下：

（1）不妥之处：总监理工程师委托总监理工程师代表确定项目监理机构人员岗位职责，主持编制监理规划。

正确做法：监理规划应由总监理工程师主持编制。

（2）不妥之处：总监理工程师委托总监理工程师代表签发工程款支付证书。

正确做法：工程款支付证书应由总监理工程师签发。

（3）不妥之处：总监理工程师委托总监理工程师代表调解建设单位与承包单位的合同争议。

正确做法：建设单位与承包单位的合同争议应由总监理工程师负责调解。

试题二

1. 针对事件1，项目监理机构对部分桩的实际承载力达不到设计要求时的处理程序如下：

（1）报建设单位同意后，及时下达工程暂停令；

（2）要求施工单位报送事故调查报告；

（3）审查施工单位报送的经设计单位等相关单位认可的处理方案；

（4）对事故的处理过程和处理结果进行跟踪检查和验收；

（5）签发工程复工令；

（6）将完整的质量事故处理记录整理归档。

2. 事件1中，施工单位提出的工期和费用索赔成立。

理由：地质勘察资料有误不属于施工单位责任。

3. 事件2中，按照《建设工程监理规范》规定，新材料验收标准应由施工单位组织专家论证。

施工单位要求支付新材料专利使用费不成立。

理由：根据合同约定，专利使用费包含在材料费中。

4. 事件3中，施工单位提出的费用索赔申请项中可以获得批准补偿的费用有：零部件拆除费用、重新安装费用。

对于建设单位建议施工单位直接向设备制造厂商提出费用索赔申请，施工单位不应采纳。

理由：施工单位与设备制造厂商无合同关系。

5. 事件4中招标方案的不妥之处及理由：

（1）不妥之处：采用议标方式招标。

理由：议标不属于法定招标方式。

（2）不妥之处：要求具备自有试验室。

理由：招标人不得以不合理的条件限制或者排斥潜在投标人，不得对潜在投标人实行歧视待遇。

（3）不妥之处：中标单位与施工单位双方签订分包合同。

理由：应由建设单位、施工单位和中标单位共同签订分包合同。

试题三

1. 本工程招标文件中不妥之处和相应正确做法分别如下：

不妥之一：通用措施费用项目均应以有竞争力的报价投标；

正确做法：通用措施费用项目中的安全文明施工费不得作为竞争性费用。

不妥之二：最终按固定总价签订施工合同；

正确做法：实行工程量清单计价的工程，应采用单价合同。

2. 通用措施费用项目通常有：安全/文明施工费，夜间施工费，二次搬（转）运费，冬/雨期施工费，大型机械设备进出场/安拆费，施工排水费/施工降水费，地上、地下设施/建筑物临时保护（成品保护）设施费，已完工程/设备保护费。

3. 上述分包行为中的违法行为和相应理由分别如下：

违法行为一：A单位将物业配套楼整体分包给B单位；

理由：主体结构施工不能进行分包。

违法行为二：C单位未在施工现场设立项目管理机构；

理由：专业承包单位未在施工现场设立项目管理机构，未进行组织管理的属转包行为（或应在施工现场设立项目管理机构/不能以包代管）。

违法行为三：自行施工部分的主体结构工程劳务（含钢筋、混凝土主材与模架等周转材料）分包给D单位；

理由：施工总承包单位将建筑材料、构配件及工程设备的采购由其他单位或个人实施的行为属转包行为（或劳务可分包、主材不可分包）。

4. A单位提出的四项索赔成立与否的判断：

（1）24天工期索赔成立；

（2）88.4万元费用索赔不成立；

（3）30.7万元费用索赔成立；

（4）22.5万元费用索赔成立。

试题四

1. 事件1中的不妥之处及正确做法如下：

（1）不妥之处：甲施工单位将其编制的施工组织设计报送建设单位。

正确做法：甲施工单位将其编制的施工组织设计报送监理单位。

（2）不妥之处：施工组织设计经监理单位技术负责人审核签字。

正确做法：施工组织设计应经总监理工程师审核。

（3）不妥之处：施工组织设计经审核签字后，通过专业监理工程师转交给甲施工单位。

正确做法：施工组织设计经审核签字后，由项目监理机构报送建设单位。

2. 事件2中专业监理工程师做法的不妥之处及正确做法如下：

（1）不妥之处：专业监理工程师接收乙施工单位提交的深基坑支护专项施工方案。

正确做法：乙施工单位作为分包单位，其编制的深基坑支护专项施工方案应经甲施工单位（施工总承包单位）报送项目监理机构。因此，专业监理工程师应接收甲施工单位提交的专项施工方案。

（2）不妥之处：专业监理工程师接收并审核批准了深基坑支护专项施工方案。

正确做法：专项施工方案由总监理工程师组织专业监理工程师审核批准。

3. 对于事件3中经济损失的判断及监理机构应批准的补偿金额如下：

（1）在建工程损失26万元的经济损失应补偿给甲施工单位，因不可抗力造成工程本身的损失，由建设单位承担。

（2）施工单位受伤人员医药费、补偿金4.5万元的经济损失不应补偿给甲施工单位，因不可抗力造成承、发包双方人员的伤亡损失，分别由各自负责。

（3）施工机具损坏损失12万元的经济损失不应补偿给甲施工单位，因不可抗力造成承包人机械设备损坏及停工损失，由承包人承担。

（4）施工机械闲置、施工人员窝工损失5.6万元的经济损失不应补偿给甲施工单位，因不可抗力造成承包人机械设备损坏及停工损失，由承包人承担。

（5）工程清理、修复费用3.5万元的经济损失应补偿给甲施工单位，因不可抗力增加的工程所需清理、修复费用，由建设单位承担。

因此，项目监理机构应批准的补偿金额为26+3.5=29.5万元。

4. 事件4中的不妥之处及正确做法如下：

（1）不妥之处：甲施工单位组织工程竣工预验收。

正确做法：应由总监理工程师组织工程竣工预验收。

（2）不妥之处：甲施工单位向项目监理机构提交了工程竣工报验单。

正确做法：总监理工程师组织工程竣工预验收，对存在的问题，应及时要求承包单位整改；整改完毕由总监理工程师签署工程竣工报验单。

（3）不妥之处：项目监理机构组织工程竣工验收。

正确做法：应由建设单位组织工程竣工验收。

（4）不妥之处：组织工程竣工验收后，项目监理机构向建设单位提交了工程质量评估报告。

正确做法：项目监理机构应在工程竣工验收前向建设单位提交工程质量评估报告。

试题五

1. 绘制的双代号网络图如下图所示：

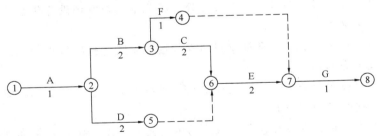

关键线路：①→②→③→⑥→⑦→⑧（A→B→C→E→G）。

标准层工期：1+2+2+2+1=8天。

2. 本工程地基基础分部工程的验收程序的不妥之处及理由：

不妥之一：由施工单位组织基础验收。

理由：应由总监理工程师（或建设单位项目负责人）组织。

不妥之二：只有建设单位、勘察单位、设计单位和施工单位项目负责人和总监理工程师参加。

理由：还应有施工单位技术负责人、质量部门负责人参加。

不妥之三：施工单位自检合格后立即组织验收。

理由：应由施工单位自检合格后提出书面申请。

3. 进度控制措施还有：管理措施、经济措施、技术措施。

4. 施工单位索赔成立的工期和费用分别为：

工期：20＋15＝35 天。

费用：35×10000＝350000 元。

理由一：地下溶洞勘探未探明属建设单位责任。可索赔工期 20 天、费用 20 万元。

理由二：结构变更属建设单位责任。可索赔工期 15 天、费用 15 万元。

试题六

1. 事件 1 中，当专业监理工程师发现桩基施工单位与原申报批准的桩基施工分包单位不一致时，应及时报告总监理工程师。由于分包单位的资格未经报审，其施工质量将存在重大隐患，总监理工程师应向施工总承包单位下达《工程暂停令》，要求该分包单位暂停施工并对已完工程进行检查验收或质量鉴定，同时，要求施工总承包单位提交新增加的桩基施工分包单位的资质报审表，重新进行审核；若审核通过，下达《工程复工令》，通知施工总承包单位要求新增加的桩基施工分包单位继续施工；若审核不通过，则通知施工总承包单位要求新增加的桩基施工分包单位立即退场。

2. （1）针对事件 2 中现浇结构的质量问题，建设单位应承担责任。

理由：建设单位提供的商品混凝土质量存在问题。

（2）针对事件 2 中现浇结构的质量问题，监理单位不应承担责任。

理由：监理单位履行了职责。

（3）针对事件 2 中现浇结构的质量问题，施工总承包单位不应承担责任。

理由：建设单位提供的商品混凝土的质量与证明材料不符。

3. 建设单位和设备安装分包单位做法的不妥之处，理由和正确做法如下：

（1）事件 3 中，建设单位做法的不妥之处：建设单位与空调设备供应单位签订的合同中包括该设备的安装工作。

理由：建设单位未经施工总承包单位同意将设备安装发包给供货单位，违反了与施工总承包单位之间的合同约定。

正确做法：建设单位应通过项目监理机构征求施工总承包单位意见，若同意，变更合同；若不同意，仍按原合同执行。

（2）事件 3 中，设备安装分包单位做法的不妥之处：设备安装分包单位书面同意建设单位与设备供应单位签订供货和安装合同。

理由：设备安装分包单位与建设单位无合同关系。

正确做法：如果建设单位要变更合同应与施工总承包单位洽商。

4. 专业监理工程师对事件 4 中质量缺陷的处理程序：向施工总承包单位签发《监理通知单》，由施工总承包单位落实设备安装分包单位整改。检查和督促整改过程，并验收整改结果，合格后予以签认。

权威预测试卷（五）

本试卷均为案例分析题，共6题，每题20分。要求分析合理，结论正确；有计算要求的，应简要写出计算过程。

试 题 一

某工程，实施过程中发生如下事件：

事件1：监理合同签订后，监理单位法定代表人要求项目监理机构在收到设计文件和施工组织设计后方可编制监理规划；同意技术负责人委托具有类似工程监理经验的副总工程师审批监理规划；不同意总监理工程师拟定的担任总监理工程师代表的人选，理由是：该人选仅具有工程师职称和5年工程实践经验，虽经监理业务培训，但不具有注册监理工程师资格。

事件2：专业监理工程师在审查施工单位报送的工程开工报审表及相关资料时认为：现场质量、安全生产管理体系已建立，管理及施工人员已到位，进场道路及水、电、通信满足开工要求，但其他开工条件尚不具备。

事件3：施工过程中，总监理工程师安排专业监理工程师审批监理实施细则，并委托总监理工程师代表负责调配监理人员、检查监理人员工作和参与工程质量事故的调查。

事件4：专业监理工程师巡视施工现场时，发现正在施工的部位存在安全事故隐患，立即签发《监理通知单》，要求施工单位整改，施工单位拒不整改，总监理工程师拟签发《工程暂停令》，要求施工单位停止施工，建设单位以工期紧为由不同意停工，总监理工程师没有签发《工程暂停令》，也没有及时向有关主管部门报告。最终因该事故隐患未能及时排除而导致严重的生产安全事故。

问题：

1. 指出事件1中监理单位法定代表人的做法有哪些不妥，分别写出正确做法。
2. 指出事件2中工程开工还应具备哪些条件。
3. 指出事件3中总监理工程师的做法有哪些不妥，分别写出正确做法。
4. 分别指出事件4中建设单位、施工单位和总监理工程师对该生产安全事故是否承担责任，并说明理由。

试 题 二

某实施监理的工程项目，建设单位通过招标选择了一具有相应资质的监理单位承担施工招标代理和施工阶段监理工作，并在监理中标通知书发出后第45天，与该监理单位签订了委托监理合同。之后双方又另行签订了一份监理酬金比监理中标价降低10%的协议。

在施工公开招标中，有A、B、C、D、E、F、G、H等施工单位报名投标，经监理单位资格预审均符合要求，但建设单位以A施工单位是外地企业为由不同意其参加投标，而监理单位坚持认为A施工单位有资格参加投标。

评标委员会由 5 人组成，其中当地建设行政管理部门的招标投标管理办公室主任 1 人、建设单位代表 1 人、政府提供的专家库中抽取的技术、经济专家 3 人。

经评标，建设单位最终确定 G 施工单位中标，并按照《建设工程施工合同（示范文本）》与该施工单位签订了施工合同。

工程按期进入安装调试阶段后，由于雷电引发了一场火灾。火灾结束后 48h 内，G 施工单位向项目监理机构通报了火灾损失情况：工程本身损失 150 万元；总价值 100 万元的待安装设备彻底报废；G 施工单位人员烧伤所需医疗费及补偿费预计 15 万元，租赁的施工设备损坏赔偿 10 万元；其他单位临时停放在现场的一辆价值 25 万元的汽车被烧毁。另外，大火扑灭后 G 施工单位停工 5d，造成其他施工机械闲置损失 2 万元以及必要的管理保卫人员费用支出 1 万元，并预计工程所需清理、修复费用 200 万元。损失情况经项目监理机构审核属实。

问题：

1. 指出建设单位在监理招标和委托监理合同签订过程中的不妥之处，并说明理由。

2. 在施工招标资格预审中，监理单位认为 A 施工单位有资格参加投标是否正确？说明理由。

3. 指出施工招标评标委员会组成的不妥之处，说明理由，并写出正确做法。

4. 安装调试阶段发生的这场火灾是否属于不可抗力？指出建设单位和 G 施工单位应各自承担哪些损失或费用（不考虑保险因素）。

试 题 三

某工程，实施过程中发生如下事件：

事件 1：施工单位向项目监理机构报送的试验室资料包括：

（1）试验室的资质等级及试验范围；

（2）试验项目及试验方法；

（3）试验室技术负责人资格证书。

专业监理工程师审查后认为报送的资料不全，要求施工单位补充。

事件 2：建设单位采购的一批材料进场后，施工单位未向项目监理机构报验即准备用于工程，项目监理机构发现后立即给予制止并要求报验。检验结果表明这批材料质量不合格。施工单位要求建设单位支付该批材料检验费用，建设单位拒绝支付。

事件 3：施工过程中某工程部位发生一起质量事故，需加固补强。施工单位编写了质量事故调查报告和相关处理方案，征得建设单位同意后即开始加固补强。

事件 4：工程竣工验收阶段，施工单位完成自检工作后，填写了工程竣工验收报审表，并将全部竣工资料报送项目监理机构申请竣工验收。总监理工程师认为施工过程中均按要求进行了验收，即签署了工程竣工验收报审表，并向建设单位提交了工程质量评估报告。建设单位收到工程质量评估报告后，即将该工程正式投入使用。

问题：

1. 针对事件 1，专业监理工程师要求补充的内容有哪些？

2. 分别指出事件 2 中施工单位和建设单位做法的不妥之处，并说明理由。项目监理机构应如何处置这批材料？

3. 分别指出事件 3 中施工单位和建设单位做法的不妥之处。写出项目监理机构处理该事件的正确做法。

4. 事件 4 中，指出总监理工程师做法的不妥之处，写出正确做法。建设单位的做法是否正确？说明理由。

试 题 四

某施工单位在中标某高档办公楼工程后，与建设单位按照《建设工程施工合同（示范文本）》签订了施工总承包合同。合同中约定总承包单位将装饰装修、幕墙等分部分项工程进行专业分包。

施工过程中，监理单位下发针对专业分包工程范围内墙面装饰装修做法的设计变更指令。在变更指令下发后的第 10 天，专业分包单位向监理工程师提出该项变更的估价申请。监理工程师审核时发现计算有误，要求施工单位修改。于变更指令下发后的第 17 天，监理工程师再次收到变更估价申请，经审核无误后提交建设单位，但一直未收到建设单位的审批意见。次月底，施工单位在上报已完工程进度款支付时，包含了经监理工程师审核、已完成的该项变更所对应的费用，建设单位以未审批同意为由予以扣除，并提出变更设计增加款项只能在竣工结算前最后一期的进度款中支付。

该工程完工后，建设单位指令施工单位组织相关人员进行竣工预验收，并要求总监理工程师在预验收通过后立即组织参建各方相关人员进行竣工验收。建设行政主管部门提出验收组织安排有误，责令建设单位予以更正。

在总承包施工合同中约定"当工程量偏差超出 5％时，该项增加部分或剩余部分的综合单价按 5％进行浮动"。施工单位编制竣工结算时发现工程量清单中两个清单项的工程数量增减幅度超出 5％，其相应工程数量、单价等数据详见下表：

清单项	清单工程量	实际工程量	清单综合单价	浮动系数
清单项 A	5080m³	5594m³	452 元/m³	5％
清单项 B	8918m²	8205m²	140 元/m²	5％

竣工验收通过后，总承包单位、专业分包单位分别将各自施工范围的工程资料移交到监理机构，监理机构整理后将施工资料与工程监理资料一并向当地城建档案管理部门移交，被城建档案管理部门以资料移交程序错误为由予以拒绝。

问题：

1. 在墙面装饰装修做法的设计变更估价申请报送及进度款支付过程中都存在哪些错误之处？并分别写出正确做法。

2. 针对建设行政主管部门责令改正的验收组织错误，本工程的竣工预验收应由谁来组织？施工单位哪些人必须参加？本工程的竣工验收应由谁进行组织？

3. 分别计算清单项 A、清单项 B 的结算总价（单位：元）。

4. 分别指出总承包单位、专业分包单位、监理单位的工程资料正确的移交程序。

试 题 五

某工程，建设单位与施工单位按《建设工程施工合同（示范文本）》签订了合同，经总监理工程师批准的施工总进度计划如下图所示（时间单位：d），各项工作均按最早开始时间安排且匀速施工。

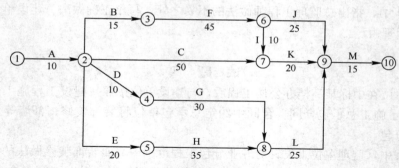

施工总进度计划

施工过程中发生如下事件：

事件 1：合同约定开工日期前 10d，施工单位向项目监理机构递交了书面申请，请求将开工日期推迟 5d。理由是，已安装的施工起重机械未通过有资质检验机构的安全验收，需要更换主要支撑部件。

事件 2：由于施工单位人员及材料组织不到位，工程开工后第 33 天上班时工作 F 才开始。为确保按合同工期竣工，施工单位决定调整施工总进度计划。经分析，各项未完成工作的赶工费率及可缩短时间见下表。

工作的赶工费率及可缩短时间

工作名称	C	F	G	H	I	J	K	L	M
赶工费率（万元/d）	0.7	1.2	2.2	0.5	1.5	1.8	1.0	1.0	2.0
可缩短时间（d）	8	6	3	5	2	5	10	6	1

事件 3：施工总进度计划调整后，工作 L 按期开工。施工合同约定，工作 L 需安装的设备由建设单位采购，由于设备到货检验不合格，建设单位进行了退换。由此导致施工单位吊装机械台班费损失 8 万元，L 工作拖延 9d。施工单位向项目监理机构提出了费用补偿和工程延期申请。

问题：

1. 事件 1 中，项目监理机构是否应批准工程推迟开工？说明理由。

2. 指出上图所示施工总进度计划的关键线路和总工期。

3. 事件 2 中，为使赶工费最少，施工单位应如何调整施工总进度计划（写出分析与调整过程）？赶工费总计多少万元？计划调整后工作 L 的总时差和自由时差为多少天？

4. 事件 3 中，项目监理机构是否应批准费用补偿和工程延期？分别说明理由。

试 题 六

某城市建设项目，建设单位委托监理单位承担施工阶段的监理任务，并通过公开招标选定甲施工单位作为施工总承包单位，工程实施中发生了下列事件。

事件 1：桩基工程开始后，专业监理工程师发现甲施工单位未经建设单位同意将桩基工程分包给乙施工单位，为此，项目监理机构要暂停桩基施工。征得建设单位同意分包后，甲施工单位将乙施工单位的相关材料报项目监理机构审查，经审查乙施工单位的资质条件符合要求可进行桩基施工。

事件2：桩基施工过程中，出现断桩事故。经调查分析，此次断桩事故是因为乙施工单位抢进度，擅自改变施工方案引起。对此，原设计单位提供的事故处理方案为：断桩清除，原位重新施工。乙施工单位按处理方案实施。

事件3：为进一步加强施工过程质量控制，总监理工程师代表指派专业监理工程师对原监理实施细则中的质量控制措施进行修改，修改后的监理实施细则经总监理工程师代表审查批准后实施。

事件4：工程进入竣工验收阶段，建设单位发文要求监理单位和甲施工单位各自邀请城建档案管理部门进行工程档案验收并直接办理移交事宜，同时要求监理单位对施工单位的工程档案质量进行检查。甲施工单位收到建设单位发文后将文件转发给乙施工单位。

问题：

1. 事件1中，项目监理机构对乙施工单位资格审查的程序和内容是什么？

2. 项目监理机构应如何处理事件2的断桩事故？

3. 事件3中，总监理工程师代表的做法是否正确？说明理由。

4. 指出事件4中建设单位做法的不妥之处，写出正确做法。

权威预测试卷（五）参考答案

试题一

1. 事件1中，监理单位法定代表人的不妥之处及正确做法：

（1）不妥之处一：要求在收到施工单位的施工组织设计后编制监理规划。

正确做法：在收到设计文件后即可编制监理规划。

（2）不妥之处二：同意技术负责人委托具有类似工程监理经验的副总工程师审批监理规划。

正确做法：监理规划应由监理单位技术负责人审批。

（3）不妥之处三：不同意总监理工程师代表人选。

正确做法：总监理工程师代表的任职条件符合要求，应当同意。

2. 事件2中，根据《建设工程监理规范》GB/T 50319—2013 的规定，工程开工还应具备的条件：

（1）设计交底和图纸会审已完成；

（2）施工组织设计已由总监理工程师签认；

（3）施工机械具备使用条件；

（4）主要工程材料已落实。

3. 事件3中，总监理工程师做法的不妥之处及正确做法如下：

（1）不妥之处一：安排专业监理工程师审批监理实施细则。

正确做法：应由总监理工程师审批。

（2）不妥之处二：委托总监理工程师代表调配监理人员。

正确做法：应由总监理工程师调配。

（3）不妥之处三：委托总监理工程师代表检查监理人员工作。

正确做法：应由总监理工程师检查。

（4）不妥之处四：委托总监理工程师代表参与工程质量事故调查。

正确做法：应由总监理工程师参与。

4. 事件4中，建设单位、施工单位和总监理工程师对生产安全事故的责任承担及理由如下：

（1）建设单位有责任，因建设单位不同意总监理工程师签发《工程暂停令》。

（2）施工单位有责任，因施工单位收到《监理通知单》后拒不整改。

（3）总监理工程师有责任，因没有签发《工程暂停令》，也没有向有关主管部门报告。

试题二

1. 建设单位在监理招标和委托监理合同签订过程中的不妥之处及理由如下：

（1）不妥之处：在监理中标通知书发出后第45天签订委托监理合同。

理由：依照《招标投标法》的规定，建设单位和监理单位应于监理中标通知书发出后30d内签订委托监理合同。

（2）不妥之处：在签订委托监理合同后双方又另行签订了一份监理酬金比监理中标价降低10％的协议。

理由：依照《招标投标法》的规定，招标人和中标人不得再行订立背离合同实质性内容的其他协议。案例中降低中标价的10％属于背离合同实质性的内容。

2. 在施工招标资格预审中，监理单位认为A施工单位有资格参加投标是正确的。

理由：以所处地区作为确定投标资格的依据是一种歧视性的依据，这是《招标投标法实施条例》明确禁止的行为。

3. 施工招标评标委员会组成的不妥之处、理由及其正确做法如下：

（1）不妥之处：评标委员会的组成中，有建设行政管理部门的招标投标管理办公室主任参加。

理由：评标委员会由招标人的代表和有关技术、经济方面的专家组成。

正确做法：投标管理办公室主任不能成为评标委员会成员。

（2）不妥之处：政府提供的专家库中抽取的技术经济专家3人。

理由：评标委员会中的技术、经济等方面的专家不得少于成员总数的2/3。

正确做法：至少应有4人是技术、经济专家。

4.（1）安装调试阶段发生的火灾属于不可抗力。

（2）建设单位应承担的费用包括：工程本身损失150万元；其他单位临时停放在现场的汽车损失25万元；待安装设备的损失100万元；必要的管理保卫人员费用支出1万元；工程所需清理、修复费用200万元。

（3）G施工单位应承担的费用包括：G施工单位人员烧伤所需医疗费及补偿费预计15万元；租赁的施工设备损坏赔偿10万元；大火扑灭后G施工单位停工5d，造成其他施工机械闲置损失2万元。

试题三

1. 事件1中，专业监理工程师要求补充的内容有：

（1）法定计量部门对试验设备出具的计量检定证明。

（2）试验室管理制度。

（3）试验人员资格证书。

2.（1）事件2中施工单位和建设单位做法的不妥之处及理由：

① 施工单位不妥之处：未报验建设单位采购的进场材料即开始使用。

理由：建设单位供应的材料使用前，由施工单位负责检验。

② 建设单位不妥之处：拒绝支付材料检验费用。

理由：检验费用由建设单位承担。

（2）项目监理机构的处置：应要求将这批材料撤出施工现场。

3.（1）事件3中，施工单位和建设单位做法的不妥之处：

① 施工单位不妥之处：未向项目监理机构报送质量事故调查报告。

② 建设单位不妥之处：未经相关单位认可就同意加固补强处理方案。

（2）项目监理机构正确做法：

审查施工单位报送的质量事故调查报告和经设计等单位同意的处理方案，跟踪检查处理过程，复查处理结果。

4.（1）事件4中总监理工程师做法的不妥之处及正确做法：

不妥之处：总监理工程师未组织工程竣工预验收。

正确做法：总监理工程师应组织工程竣工预验收，并签署单位工程竣工验收报审表。

（2）建设单位的做法不正确。

理由：建设单位收到工程质量评估报告后，应组织工程验收。验收合格并备案后方可使用该工程。

试题四

1. 设计变更估价申请报送及进度款支付过程中存在的错误之处及其正确做法：

错误一：专业分包单位在变更指令下发后的第10天向监理工程师提出该项变更的估价申请；

正确做法：应由总包单位向监理工程师提出（专业分包单位向总包提出）变更估价申请。

错误二：建设单位以未审批为由予以扣除；

正确做法：发包人逾期未完成审批或未提出异议的，视为认可承包人提交的变更估价申请。

错误三：变更设计增加款项只能在竣工结算前最后一期的进度款中进行支付；

正确做法：因变更引起的价格调整应计入最近一期的进度款中支付。

2. 竣工预验收应由总监理工程师组织进行。

施工单位必须参加的人员有：项目负责人、项目技术负责人。

竣工验收应由建设单位项目负责人组织进行。

3. 子项A：

不调价部分＝$5080 \times 1.05 = 5334 \text{m}^3$，调价部分＝$5594 - 5334 = 260 \text{m}^3$。

结算总价＝$5334 \times 452 + 260 \times 452 \times (1 - 5\%) = 2522612$ 元。

子项B：

调价部分＝8205m²。

结算总价＝8205×140×（1+5%）＝1206135元。

4. 工程资料正确的移交程序：

（1）总承包单位工程资料移交程序：总承包单位移交建设单位，建设单位移交档案馆；

（2）分包单位工程资料移交程序：分包单位移交总承包单位，总承包单位移交建设单位，建设单位移交档案馆；

（3）监理单位工程资料移交程序：监理单位移交建设单位，建设单位移交档案馆。

试题五

1. 事件1中，项目监理机构不应批准工程推迟开工。

理由：施工单位原因造成开工日期推迟。

2. 背景材料图中所示施工总进度计划的关键线路为 A→B→F→I→K→M（或①→②→③→⑥→⑦→⑨→⑩）。

总工期＝10+15+45+10+20+15＝115d

3. 事件2中，为使赶工费最少，施工单位应分别缩短工作K和工作F的工作时间5d和2d，这样才能既实现建设单位的要求又能使赶工费用最少。

分析与调整过程为：

（1）由于事件2的发生，导致工期拖延7d。

（2）第33天后，可以赶工的关键工作包括F、I、K、M，由于工作K的赶工费率最低，首先压缩工作K，工作K可以压缩10d。如果直接压缩工作K 7d，结果就改变了关键线路，关键线路变成了A→B→F→J→M，即将关键工作K变成了非关键工作。为了不使关键工作K变成非关键工作，第一次压缩工作K 5d。

（3）经过第一次压缩后，关键线路就变成了两条，即A→B→F→J→M和A→B→F→I→K→M。此时有四种赶工方案，见下表。

赶工方案

赶工方案	赶工费率（万元/d）	可压缩时间
压缩工作F	1.2	6
同时压缩工作J和I	3.3	2
同时压缩工作J和K	2.8	5
压缩工作M	2.0	1

（4）第二次选赶工费率最低的工作F压缩2d，这样就可以确保按合同工期竣工。

赶工费总计＝5×1.0+2×1.2＝7.4万元

计划调整后工作L的总时差＝115-105＝10d

计划调整后工作L的自由时差＝10-0＝10d

4. 事件3中，项目监理机构应批准8万元的费用补偿。

理由：是建设单位采购的材料出现质量检测不合格导致的机械台班损失，应由建设单位承担责任。

事件 3 中，项目监理机构不应批准工程延期。

理由：工作 L 不是关键工作，且该工作的总时差为 10d，工作 L 拖延 9d 未超过其总时差，不会影响工期。

试题六

1.（1）事件 1 中，项目监理机构对乙施工单位资格审查的程序：专业监理工程师审查甲施工单位报送的乙施工分包单位资格报审表和分包单位有关资质资料，符合有关规定后，由总监理工程师予以签认。

（2）事件 1 中，项目监理机构对乙施工单位的资格应审核以下内容：营业执照、企业资质等级证书；安全生产许可文件；类似工程业绩；专职管理人员和特种作业人员的资格；乙施工单位承担的桩基工程的范围和内容。

2. 项目监理机构应按以下程序处理事件 2 的断桩事故：

（1）及时下达《工程暂停令》。

（2）责令甲施工单位报送断桩事故调查报告。

（3）审查甲施工单位报送的施工处理方案、措施。

（4）批复处理方案、措施。

（5）由甲施工单位填报《工程复工申请表》，总监理工程师签发《工程复工令》。

（6）对事故的处理和处理结果进行跟踪检查和验收。

（7）及时向建设单位提交有关事故的书面报告，并应将完整的质量事故处理记录整理归档。

3. 事件 3 中，对总监理工程师代表做法的判断及理由如下：

（1）指派专业监理工程师修改监理实施细则的做法正确。

理由：总监理工程师代表可以行使总监理工程师的这一职责。

（2）审批监理实施细则的做法不正确。

理由：应由总监理工程师审批。

4. 事件 4 中建设单位做法的不妥之处：要求监理单位和甲施工单位各自对工程档案进行验收并移交。

正确做法：应由建设单位组织建设工程档案的（预）验收，并在工程竣工验收后统一向城市档案管理部门办理工程档案移交。

权威预测试卷（六）

本试卷均为案例分析题，共 6 题，每题 20 分。要求分析合理，结论正确；有计算要求的，应简要写出计算过程。

试 题 一

某工程，建设单位与甲施工单位签订了施工总承包合同，并委托一家监理单位实施施工阶段的监理。经建设单位同意，甲施工单位将工程划分为 A、B 标段，并将 B 标段分包给乙施工单位。根据监理工作需要，监理单位设立了投资控制组、进度控制组、质量控制组、安全管理组、合同管理组和信息管理组六个职能管理部门，同时设立了 A 和 B 两个标段的项目监理组，并按专业分别设置了若干专业监理小组，组成直线职能制项目监理组织机构。

为有效地开展监理工作，总监理工程师安排项目监理组负责人分别主持编制 A、B 标段两个监理规划。总监理工程师要求：①六个职能部门根据 A、B 标段的特点，直接对 A、B 标段的施工单位进行管理；②在施工过程中，A 标段出现的质量隐患由 A 标段项目监理组的专业监理工程师直接通知甲施工单位整改，B 标段出现的质量隐患由 B 标段项目监理组的专业监理工程师直接通知乙施工单位整改，如未整改，则由相应标段项目监理负责人签发《工程暂停令》，要求停工整改。

总监理工程师主持召开了第一次工地会议。会后，总监理工程师对监理规划审核批准后报送建设单位。在报送的监理规划中，项目监理人员的部分职责分工如下：

（1）投资控制组负责人审核工程款支付申请，并签发工程款支付证书，但竣工结算须由总监理工程师签认。

（2）合同管理组负责调解建设单位与施工单位的合同争议、处理工程索赔。

（3）进度控制组负责审查施工进度计划及其执行情况，并由该组负责人审批工程延期。

（4）质量控制组负责人审批项目监理实施细则。

（5）A、B 两个标段项目监理组负责人分别组织、指导、检查和监督本标段监理人员的工作，及时调换不称职的监理人员。

问题：

1. 绘制监理单位设置的项目监理机构的组织结构图，说明其缺点。
2. 指出总监理工程师工作中的不妥之处，写出正确做法。
3. 指出项目监理人员职责分工中的不妥之处，写出正确做法。

试 题 二

某实施监理的桥梁工程，其基础为钻孔桩。该工程的施工任务由甲公司总承包，其中桩基础施工分包给乙公司，建设单位委托丙公司监理，丙公司任命的总监理工程师具有多年桥梁设计工作经验。

施工前甲公司复核了该工程的原始基准点、基准线和测量控制点，并经专业监理工程师审核批准。

该桥1号桥墩桩基础施工完毕后，设计单位发现：整体桩位（桩的中心线）沿桥梁中线偏移，偏移量超出规范允许的偏差范围。经检查发现，造成桩偏移的原因是桩位施工图尺寸与总平面图尺寸不一致。因此，甲公司向项目监理机构报送了处理方案，要点如下：

(1) 补桩。

(2) 承台的结构钢筋适当调整，外形尺寸做部分改动。

总监理工程师根据自己多年的桥梁设计工作经验，认为甲公司的处理方案可行，因此予以批准。乙公司随即提出索赔意向通知，并在补桩施工完成后第5天向项目监理机构提交了索赔报告：

(1) 要求赔偿整改期间机械、人工的窝工损失。

(2) 增加的补桩应予以计量、支付。

理由如下：

(1) 甲公司负责桩位测量放线，乙公司按给定的桩位负责施工，桩体没有质量问题。

(2) 桩位施工放线成果已由现场监理工程师签认。

问题：

1. 总监理工程师批准上述处理方案，在工作程序方面是否妥当？说明理由。

2. 专业监理工程师在桩位偏移这一质量问题上是否有责任？说明理由。

3. 写出施工前专业监理工程师对甲公司报送的施工测量成果应检查、复核什么内容？

4. 乙公司提出的索赔要求，总监理工程师应如何处理？说明理由。

试 题 三

某工程，建设单位通过公开招标与甲施工单位签订施工总承包合同，依据合同，甲施工单位通过招标将钢结构工程分包给乙施工单位。施工过程中发生了下列事件：

事件1：甲施工单位项目经理安排技术员兼施工现场安全员，并安排其负责编制深基坑支护与降水工程专项施工方案，项目经理对该施工方案进行安全验算后，即组织现场施工，并将施工方案及验算结果报送项目监理机构。

事件2：乙施工单位采购的特殊规格钢板，因供应商未能提供出厂合格证明，乙施工单位按规定要求进行了检验，检验合格后向项目监理机构报验。为不影响工程进度，总监理工程师要求甲施工单位在监理人员的见证下取样复检，复检结果合格后，同意该批钢板进场使用。

事件3：钢结构工程施工中，专业监理工程师在现场发现乙施工单位使用的高强螺栓未经报验，存在严重的质量隐患，即向乙施工单位签发了《工程暂停令》，并报告了总监理工程师。甲施工单位得知后也要求乙施工单位立刻停止整改。乙施工单位为赶工期，边施工边报验，项目监理机构及时报告了有关主管部门。报告发出的当天，发生了因高强螺栓不符合质量标准导致的钢梁高空坠落事故，造成一人重伤，直接经济损失4.6万元。

问题：

1. 指出事件1中甲施工单位项目经理做法的不妥之处，写出正确做法。

2. 事件 2 中，总监理工程师的处理是否妥当？说明理由。

3. 指出事件 3 中，专业监理工程师做法的不妥之处，说明理由。

4. 事件 3 中的质量事故，甲施工单位和乙施工单位各承担什么责任？说明理由。监理单位是否有责任？说明理由。该事故属于哪一类工程质量事故？处理此事故的依据是什么？

试 题 四

某工程，实施过程中发生如下事件：

事件 1：工程开工前施工单位按要求编制了施工总进度计划和阶段性施工进度计划，按相关程序审核后报项目监理机构审查。专业监理工程师审查的内容有：

(1) 施工进度计划中主要工程项目有无遗漏，是否满足分批动用的需要。

(2) 施工进度计划是否符合建设单位提供的资金、施工图纸、施工场地、物资等条件。

事件 2：项目监理机构编制监理规划时初步确定的内容包括：工程概况；监理工作的范围、内容、目标；监理工作依据；工程质量控制；工程造价控制；工程进度控制；合同与信息管理；监理工作设施。总监理工程师审查时认为，监理规划还应补充有关内容。

事件 3：工程施工过程中，因建设单位原因发生工程变更导致监理工作内容发生重大变化，项目监理机构组织修改了监理规划。

事件 4：专业监理工程师现场巡视时发现，施工单位在某工程部位施工过程中采用了一种新工艺，要求施工单位报送该新工艺的相关资料。

事件 5：施工单位按照合同约定将电梯安装分包给专业安装公司，并在分包合同中明确电梯安装安全由分包单位负全责。电梯安装时，分包单位拆除了电梯井口防护栏并设置了警告标志，施工单位要求分包单位设置临时护栏。分包单位为便于施工未予设置，造成1 名施工人员不慎掉入电梯井导致重伤。

问题：

1. 事件 1 中，专业监理工程师对施工进度计划还应审查哪些内容？

2. 事件 2 中，监理规划还应补充哪些内容？

3. 事件 3 中，写出监理规划的修改及报批程序。

4. 写出专业监理工程师对事件 4 的后续处理程序。

5. 事件 5 中，写出施工单位的不妥之处。指出施工单位和分包单位对施工人员重伤事故各承担什么责任？

试 题 五

某建筑施工单位在新建办公楼工程项目开工前，按《建筑施工组织设计规范》GB/T 50502—2009 规定的单位工程施工组织设计应包含的各项基本内容，编制了本工程的施工组织设计，经相应人员审批后报监理机构，在总监理工程师审批签字后按此组织施工。

在施工组织设计中，施工进度计划以时标网络图（时间单位：月）形式表示。在第 8 月末，施工单位对现场实际进度进行检查，并在时标网络图中绘制了实际进度前锋线，如下图所示：

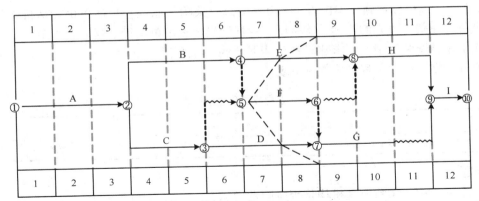

针对检查中所发现实际进度与计划进度不符的情况，施工单位均在规定时限内提出索赔意向通知，并在监理机构同意的时间内上报了相应的工期索赔资料。经监理工程师核实，工序 E 的进度偏差是因为建设单位供应材料原因所导致，工序 F 的进度偏差是因为当地政令性停工导致，工序 D 的进度偏差是因为工人返乡农忙原因导致。根据上述情况，监理工程师对三项工期索赔分别予以批复。

问题：

1. 总监理工程师审查本工程的施工组织设计主要包括哪些基本内容？

2. 施工单位哪些人员具备审批单位工程施工组织设计的资格？

3. 写出网络图中前锋线所涉及各工序的实际进度偏差情况；如后续工作仍按原计划的速度进行，本工程的实际完工工期是多少个月？

4. 针对工序 E、工序 F、工序 D，分别判断施工单位上报的三项工期索赔是否成立？并说明相应的理由。

试 题 六

某工程，建设单位与施工单位按照《建设工程施工合同（示范文本）》GF—2017—0201 签订了合同，工程价款 8000 万元；工期 12 个月；预付款为签约合同价的 15%。专用条款约定，预付款自工程开工后的第 2 个月起在每月应支付的工程进度款中扣回 200 万元，扣完为止；当实际工程量的增加值超过工程量清单项目招标工程量的 15% 时，超过 15% 以上部分的结算综合单价的调整系数为 0.9；当实际工程量的减少值超过工程量清单项目招标工程量的 15% 时，实际工程量结算综合单价的调整系数为 1.1；工程质量保证金每月按进度款的 3% 扣留。

施工过程中发生如下事件：

事件 1：设计单位修改图纸使局部工程量发生变化，造价增加 28 万元。施工单位按批准后的修改图纸完成工程施工后的第 30 天，经项目监理机构向建设单位提交增加合同价款 28 万元的申请报告。

事件 2：为降低工程造价，总监理工程师按建设单位要求向施工单位发出变更通知，加大外墙涂料装饰范围，使外墙涂料装饰的工程量由招标时的 4200m² 增加到 5400m²；相应的干挂石材幕墙由招标时的 2800m² 减少到 1600m²。外墙涂料装饰项目投标综合单价为 200 元/m²，干挂石材幕墙项目投标综合单价为 620 元/m²。

事件3：经招标，施工单位以412万元的总价采购了原工程量清单中暂估价为350万元的设备，花费1万元的招标采购费用。招标结果经建设单位批准后，施工单位于第7个月完成了设备安装施工，要求建设单位当月支付的工程进度款中增加63万元；施工单位前7个月计划完成的工程量价款见下表。

计划完成工程量价款表

时间（月）	1	2	3	4	5	6	7
工程量价款（万元）	120	360	630	700	800	860	900

问题：

1. 事件1中，项目监理机构是否应同意增加28万元合同价款？说明理由。

2. 事件2中，外墙涂料装饰、干挂石材幕墙项目合同价款调整额分别是多少？调整外墙装后可降低工程造价多少万元？

3. 事件3中，项目监理机构是否应同意施工单位增加63万元工程进度款的支付要求？说明理由。

4. 该工程预付款总额是多少？分几个月扣回？根据上表计算项目监理机构在第2个月和第7个月可签发的应付工程款。

权威预测试卷（六）参考答案

试题一

1. 项目监理机构的组织结构图及其缺点如下：

（1）监理单位设置的项目监理机构的组织结构图，如下图所示。

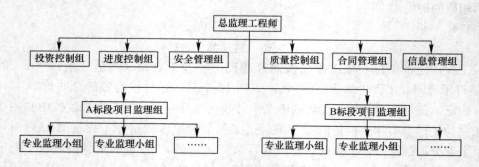

项目监理机构的组织结构图

（2）缺点：职能部门与指挥部门易产生矛盾，信息传递路线长，不利于互通信息。

2. 总监理工程师工作中的不妥之处及正确做法如下。

（1）不妥之处：总监理工程师安排项目监理组负责人分别主持编制A、B标段两个监理规划。

正确做法：A、B标段两个监理规划应由总监理工程师主持编制。

（2）不妥之处：总监理工程师要求六个职能部门根据A、B标段的特点，直接对A、B标段的施工单位进行管理。

正确做法：A和B两个标段的项目监理组直接对A、B标段的总承包单位进行管理。

（3）不妥之处：由相应标段项目监理负责人签发《工程暂停令》要求停工整改。

正确做法：《工程暂停令》应由总监理工程师签发。

（4）不妥之处：总监理工程师主持召开了第一次工地会议。

正确做法：应由建设单位主持召开第一次工地会议。

（5）不妥之处：B标段项目监理组的专业监理工程师直接通知乙施工单位整改。

正确做法：专业监理工程师应直接通知甲施工单位，由甲施工单位通知乙施工单位整改。

（6）不妥之处：监理规划在第一次工地会议后报送建设单位。

正确做法：监理规划应在第一次工地会议前报送建设单位。

（7）不妥之处：监理规划由总监理工程师审核批准。

正确做法：监理规划应由监理单位技术负责人审核批准。

（8）不妥之处：按A和B标段分别编制两个监理规划。

正确做法：监理规划应按监理项目进行编制，A、B两标段同属于一个监理项目，应编制在同一个监理规划中。

3. 项目监理人员职责分工中的不妥之处及正确做法如下。

（1）不妥之处：投资控制组负责人审核工程款支付申请，并签发工程款支付证书。

正确做法：应由总监理工程师审核工程款支付申请，并签发工程款支付证书。

（2）不妥之处：合同管理组负责调解建设单位与施工单位的合同争议、处理工程索赔。

正确做法：应由总监理工程师负责调解建设单位与施工单位的合同争议、处理工程索赔。

（3）不妥之处：进度控制组负责人审批工程延期。

正确做法：应由总监理工程师负责审批工程延期。

（4）不妥之处：质量控制组负责人审批项目监理实施细则。

正确做法：应由总监理工程师负责审批项目监理实施细则。

（5）不妥之处：A、B两个阶段项目监理组负责人及时调换不称职的监理人员。

正确做法：应由总监理工程师及时调换不称职的监理人员。

试题二

1. 总监理工程师的处理方案，在工作程序方面不妥。

理由：施工现场在出现质量问题和事故时，一般是由原设计单位提交技术处理方案，若由其他单位提交技术处理方案，也应经原设计单位签认，不论谁提出变更都必须征得建设单位同意，并且办理书面变更手续之后，总监理工程师才可批准审批技术处理方案。该工程总监理工程师批准处理方案时，既没有得到建设单位同意，也没有取得设计单位签认，因此总监理工程师的处理方案，在工作程序方面不妥。

2. 专业监理工程师在批准偏移这一质量问题中没有责任。

理由：施工图尺寸与总平面图尺寸不一致，是设计的错误，责任在设计单位。

3. 施工控制测量成果及保护措施的检查、复核，包括：①施工单位测量人员的资格证书及测量设备检定证书；②施工平面控制网、高程控制网和临时水准点的测量成果及控制桩的保护措施。

4. 对于乙公司提出的索赔要求，总监理工程师应不予受理。

理由：索赔的前提是双方有合同关系。分包单位和建设单位没有合同关系，只与总包单位有合同关系，因此在分包合同的履行过程中，分包商只能向总包单位提出索赔要求。

建设单位与总包单位有合同关系，总监理工程师只受理总包单位即甲公司提出的索赔。因此对于乙公司提出的索赔要求，总监理工程师应不予受理。

试题三

1. 事件1中甲施工单位项目经理做法的不妥之处及正确做法如下：

（1）不妥之处：安排技术员兼施工现场安全员。

正确做法：应配备专职安全生产管理人员。

（2）不妥之处：对该施工方案进行安全验算后即组织现场施工。

正确做法：安全验算合格后应组织专家进行论证、审查，并经施工单位技术负责人签字，报总监理工程师签字后才能安排现场施工。

2. 事件2中，总监理工程师的处理不妥。

理由：没有出厂合格证明的原材料不得进场使用。

3. 事件3中专业监理工程师做法的不妥之处和理由如下：

（1）不妥之处：专业监理工程师直接向乙单位签发文件。

理由：监理单位受建设单位委托对合同履行实施管理的法人或其他组织，分包单位和建设单位没有合同关系，专业监理工程师不应直接向乙单位签发文件。

（2）专业监理工程师签发《工程暂停令》。

理由：《工程暂停令》应由总监理工程师向甲施工单位签发，并标明停工部位或范围。

4. 事件3中的质量事故，各单位的责任及事故的性质和处理依据如下：

（1）事件3中的质量事故，甲施工单位承担连带责任，乙施工单位承担主要责任。

理由：质量事故是由于乙施工单位不服从甲施工单位管理造成的，因而乙施工单位应承担主要责任。甲施工单位是总承包单位，对整个工程的质量向建设单位负责，因而甲施工单位应承担连带责任。

（2）事件3中的质量事故，监理单位没有责任。

理由：项目监理机构已履行了监理职责，并已及时向有关主管部门报告。

（3）事件3中的质量事故属于一般质量事故。

（4）事件4中的质量事故的处理依据：质量事故的实况资料；具有法律效力的工程承包合同、监理合同或分包合同等合同文件；有关的工程技术文件、资料和档案；相关的法律法规。

试题四

1. 事件1中，专业监理工程师还应审查的内容：

（1）施工进度计划是否符合施工合同中工期的约定；

（2）施工顺序的安排是否符合施工工艺要求；

（3）施工人员、工程材料、施工机械等资源供应计划是否满足施工进度计划的需要。

2. 事件2中，监理规划还应补充的内容：

（1）监理组织形式、人员配备及进退场计划、监理人员岗位职责；

（2）监理工作制度；

（3）安全生产管理的监理工作；

（4）组织协调。

3. 事件3中，监理规划的修改及报批程序包括：

（1）由总监理工程师组织专业监理工程师修改；

（2）经工程监理单位技术负责人审批后报送建设单位。

4. 专业监理工程师对事件4的后续处理程序包括：

（1）审查施工单位报送的新工艺的质量认证材料和相关验收标准的适用性；

（2）必要时，应要求施工单位组织专题论证；

（3）审查合格后报总监理工程师签认。

5. 事件5中，施工单位的不妥之处、施工单位和分包单位对施工人员重伤事故各承担的责任：

（1）施工单位不妥之处：分包合同中明确电梯安装安全由分包单位负全责。

（2）责任：分包单位应承担主要责任；施工单位应承担连带责任。

试题五

1. 施工组织设计审查应包括下列基本内容：

（1）编审程序应符合相关规定；

（2）施工进度、施工方案及工程质量保证措施应符合施工合同要求；

（3）资金、劳动力、材料、设备等资源供应计划应满足工程施工需要；

（4）安全技术措施应符合工程建设强制性标准；

（5）施工总平面布置应科学合理。

2. 单位工程施工组织设计应由施工单位技术负责人或施工单位技术负责人授权的技术人员审批。

3. 网络图中前锋线所涉及各工序的实际进度偏差情况：工序E：滞后1个月；工序F：滞后2个月；工序D：滞后1个月。

如后续工作仍按原计划的速度进行，本工程的实际完工工期：13个月。

4. 三项工期索赔是否成立及其理由：

（1）工序E索赔：成立；

理由：工序E滞后1个月，影响总工期1个月，且因建设单位供应材料所导致，属建设单位责任范围，故索赔成立。

（2）工序F索赔：不成立；

理由：工序F滞后2个月，并不影响总工期，故索赔不成立。

（3）工序D索赔：不成立；

理由：工序D滞后的原因是工人返乡农忙，属施工单位责任范围，故索赔不成立。

试题六

1. 事件1中，项目监理机构不同意施工单位增加28万元合同价款的申请。

理由：施工单位未在合同规定的有效期内提出合同价款调增要求。

2. 事件2中，外墙涂料装饰、干挂石材幕墙工程合同价款调整额如下：

（1）外墙涂料装饰工程：

工程量增加：$5400-4200=1200m^2$，$1200/4200=28.6\%>15\%$

工程款增加额：$4200\times15\%\times200+[5400-4200\times(1+15\%)]\times200\times0.9=228600$ 元

（2）干挂石材幕墙工程：

工程量减少：$2800-1600=1200m^2$，$1200/2800=42.9\%>15\%$

工程款减少额：$2800\times620-1600\times620\times1.1=644800$ 元

（3）降低工程造价：

$644800-228600=416200$ 元

3. 事件3中，项目监理机构不应同意施工单位增加63万元工程进度款的支付要求。

理由：招标采购费用已包含在签约合同价中，不应再支付招标采购费用1万元，只支付62万元的设备采购增加额。

4.（1）该工程预付款总额$=8000\times15\%=1200$万元

（2）分月扣回时间$=1200/200=6$月

（3）项目监理机构第2个月可签发的应付工程款$=360\times(1-3\%)-200=149.2$万元

（4）项目监理机构第7个月可签发的应付工程款$=962\times(1-3\%)-200=733.14$万元